2020年国家级一流本科专业建设点数字媒体艺术专业核心课程配套教材
四川省"十四五"普通高等教育本科规划教材
四川省一流本科课程"新媒体项目管理"配套教材
四川省第三批高等学校省级课程思政示范项目"新媒体项目管理"配套教材
21世纪经济管理新形态教材·工商管理系列

数字媒体项目管理

主　编 ◎ 马建明　王家福

副主编 ◎ 王露洁　陶　瑶　毕　然

参　编 ◎ 张　瑶　郭　娜　张明遥
　　　　　赵禹涵　郭　蒙

U0197710

清华大学出版社
北京

内 容 简 介

数字媒体项目管理是数字化媒体生产运维和项目管理的交叉学科，是项目管理的原理和方法在数字媒体领域的应用。

数字媒体项目管理除了具有项目管理的普遍性以外，还具有一些独特之处，本书充分阐释了数字媒体项目中存在的客户沟通困难、用户需求不明确、短工期和高质量之间的矛盾等现状，揭开数字媒体项目的面纱，以案例为引导讨论了实施数字媒体项目管理的方法。

本书比较全面地阐述数字媒体项目管理，将项目管理九大知识体系和五大过程组理论应用到了数字媒体项目中，并以项目管理知识体系指南为基础，为数字媒体项目管理提供了坚实的框架和基础。

本书可作为高等学校数字媒体、电子商务等培养数字文产人才的相关专业教学用书，也可作为相关企业的岗位培训和自学用书。

图书在版编目（CIP）数据

数字媒体项目管理 / 马建明，王家福主编 . —北京：清华大学出版社，2023.8（2024.12重印）
21世纪经济管理新形态教材 . 工商管理系列
ISBN 978-7-302-63965-7

Ⅰ.①数…　Ⅱ.①马…②王…　Ⅲ.①数字技术—多媒体技术—项目管理—高等学校—教材
Ⅳ.① TP37

中国国家版本馆 CIP 数据核字（2023）第 117662 号

责任编辑：徐永杰
封面设计：汉风唐韵
责任校对：宋玉莲
责任印制：宋　林

出版发行：清华大学出版社
　　　　　网　　　址：https://www.tup.com.cn，https://www.wqxuetang.com
　　　　　地　　　址：北京清华大学学研大厦 A 座　　邮　编：100084
　　　　　社 总 机：010-83470000　　　　　　　　邮　购：010-62786544
　　　　　投稿与读者服务：010-62776969，c-service@tup.tsinghua.edu.cn
　　　　　质量反馈：010-62772015，zhiliang@tup.tsinghua.edu.cn
印 订 者：三河市天利华印刷装订有限公司
经　　销：全国新华书店
开　　本：185mm×260mm　　　印　张：14.75　　字　数：245 千字
版　　次：2023 年 9 月第 1 版　　印　次：2024 年 12 月第 3 次印刷
定　　价：52.00 元

产品编号：099260-01

前　言

　　全面学习、贯彻、落实党的二十大精神是新时代项目管理者当前和今后一段时期的首要任务。项目管理者在项目实施过程中，必须深刻理解中国式现代化理论和全面建设社会主义现代化国家战略布局的关系，深刻理解所实施项目和为全面建设社会主义现代化国家提供更为坚实的物质基础、不断满足人民对美好生活需要的关系，用自己的亲身实践和经验教训不断地思考项目管理的本质。

　　项目管理的历史就像一部编年史一样，项目管理的先驱们用自己的亲身实践和经验教训不断地思考项目管理的本质。

　　习近平总书记在 2021 年 10 月 18 日中央政治局第三十四次集体学习时指出："提高全要素生产率，发挥数字技术对经济发展的放大、叠加、倍增作用。""赋能传统产业转型升级，催生新产业新业态新模式，不断做强做优做大我国数字经济。"国务院印发的《"十四五"数字经济发展规划》指出，以数据为关键要素，以数字技术与实体经济深度融合为主线，加强数字基础设施建设，完善数字经济治理体系，协同推进数字产业化和产业数字化，不断做强做优做大我国数字经济，为构建数字中国提供有力支撑。数字文产作为我国数字经济的重要组成部分，其依托的"数字媒体技术 + 艺术学科"建设及项目应用重要性凸显。

　　数字媒体项目管理起步较晚，管理应用上以通用软件、应用系统开发、内容提供为主，在产业化管理的分布中相对边缘化。同时，由于数字文产行业在国际上还没有形成有效而独特的项目管理体系，很难找到适应国内特定事业与人才环境的方法。

　　由于企业、事业与人才环境的差别，对项目管理及项目经理的素质要求也有很大区别。对于已经建立相对完善的组织级项目管理体系的公司，项目经理可以专注于项目策划、监控、风险跟踪、干系人沟通等项目管理活动。在更多的企业中，高层级领导需要的项目经理则是一个能解决一切问题的人，因此对技术能力的要求远超过管理能力。在某些场景下，项目经理甚至可能是临时授命的英雄人物，一个能够带领一群初级工程师完成某项任务的高级技术工程师。简而言之，只有被赋予的沉重责任，而缺乏对应于责任的职权。

本书在项目管理的九大知识体系、五大过程组的基础上，提出细分领域的数字媒体项目成败关键所在。

（1）数字媒体项目管理的成败在于熟知数字媒体项目流程、特征的项目经理本身。项目的根本是服务于中国式现代化建设，项目经理是项目的管理者，是项目的核心人物，也是项目成功的关键。这意味着项目经理必须具备政治意识、大局意识、核心意识、看齐意识，项目执行中要提高自身及团队的战略思维、历史思维、辩证思维、系统思维、创新思维、法治思维、底线思维等，具备管理能力、业务能力、基本的技术能力和产业背景下有效沟通的能力，还必须具备领导者的才能和推动者的激情。项目经理需要整合自己的业务技能、技术技能和项目管理技能。

（2）数字媒体项目管理的成败在于组织级项目管理对项目提供的帮助。依赖项目经理的努力，可以保证单个项目的成功，但在其他项目中却很难复制。数字媒体行业虚拟项目组织结构的特征，决定了项目离不开企业内部与外部组织的支持——无论是资源和资金的分配、历史上项目实施的经验教训、风险的识别与应对、企业的内外部管理机制与流程等。项目管理的实施不仅仅是项目经理的责任，也是企业整合和协调资源的过程，是企业智慧的集中浓缩。

（3）数字媒体项目管理的成败在于企业为项目管理提供的其他支持。合理构建公司的培训体系、人员培养体系、支持体系等，以解决"如何提高人员效率"的问题，也是项目管理成功实施的重要保证。

课程以"理论＋案例讨论＋实践"的教学模式，建议总学时48学时。教师可以根据教学需求，进行包括理论讲解、案例讨论、项目调研、调研汇报等教学形式。建议在教学过程中更多地引入针对生活、学习的项目管理话题展开讨论，并由教师点评。

本书作者从事数字化项目管理工作20多年，在书中通过分享自身的实践和经验，以案例分析、项目在数字媒体行业中的展现等形式充分阐释了数字媒体项目管理的全过程，从而和读者达到共鸣。

本书的撰写和发表受到了多方面的支持与帮助，如果没有众人的帮助，是无法完成本书的编写工作的。首先要感谢本书的编写团队，因为各种原因常常不能线下一起讨论编写，线上交互也恰好体现了项目虚拟团队管理的精粹！

感谢来自不同学校、不同专业的许志强、邱学军、李海东、张原等专家，是你们为我提供了丰富的写作素材；感谢四川传媒学院的同事和学生们，你们为我提供了基础教学支撑和建议，同时也使我收集到与撰写本书相关的宝贵意见；感谢成都影视硅谷集团、成都索贝数码科技股份有限公司等合作企业的参与，编写团队也从实际项目中获取了大量的经验充实本书。

感谢你们，有了你们，本书更加出色。

最后，竭诚希望广大读者对本书提出宝贵意见，以促使我们不断改进。由于时间和编者水平有限，书中的疏漏之处在所难免，敬请广大读者批评指正。

马建明

2023 年 6 月 18 日

目 录

第 1 章　数字媒体产业环境下的项目及项目管理

学习目标

1. 了解现代各行业尤其是数字类项目对卓越项目管理的需求。

2. 理解项目的概念，列举项目的各种特征，描述项目的约束及成功标准。

3. 理解项目管理的系统观点以及应该如何将其应用于数字类项目。

4. 通过描述项目经理工作内容、需要掌握的技能以及职业生涯情况，从而理解项目经理的作用。

5. 掌握一个项目的阶段和其生命周期的含义。

能力目标

1. 具备识别项目并组织项目团队的能力。

2. 掌握数字媒体类项目的九大知识领域识别的方法。

3. 了解项目经理的基本职能及其重要性。

思政目标

1. 明确项目管理与行业发展的关系以及促进正向发展的重要性。

2. 激发项目团队对行业发展的热情，增强爱岗敬业的意识。

🔍 **导入案例**

　　某中小型影视制作公司 2022 年 3 月准备对企业宣传片项目进行投标，公司副总裁张某授权销售部的林某为本次投标的负责人，负责组织和管理整个投标过程。

　　林某接到任务后，召集公司相关部门参加启动说明会，并把各自的分工和进度计划进行了部署。在投标前 3 天进行投标文件评审时，林某发现拍摄方案中所配置的设备在以前的项目使用中是存在问题的，必须更换，随后修改了拍摄方案。最后，公司中标并和客户签订了合同。根据公司的项目管理流程，林某把项目移交给实施部门，由其具体负责项目的执行与验收。

　　实施部门接手项目后，鲍某被任命为实施项目经理，负责项目的实施和验收工作。鲍某发现由于项目前期自己没有介入，许多事情都不是很清楚，从而导致后续跟进速度较慢。同时，鲍某还发现设计方案中遗漏一项基本需求，有多项无效需求，没有书面的需求调研报告。于是项目组重新调研用户需求，编制设计方案，这增加了实施难度和成本。后来又发现采购部仍按照最初的方案采购设备，导致设备中的模块配置功能不符合要求。

　　思考：

　　1. 项目管理对于该公司来说有什么重要的作用？

　　2. 该公司在项目管理方面存在哪些问题？

1.1　项目

　　项目（project）是需要组织来实施完成的工作。工作，通常既包括为了完成项目所实施的具体操作，又包括项目本身。一般认为：项目是一个组织为实现既定目标，在一定的时间、人员和资源约束条件下，所开展的一种具有一定独特性的一次性工作。表 1-1 展示了项目与一般工作的区别。

　　项目管理协会（Project Management Institute，PMI）对项目的定义是：项目是一项为了创造某一个唯一的产品或服务的时限性工作。时限性是指每一个项目都具有明确的开端和明确的结束；唯一是指该项产品或服务与同类产品或服务相比在某些方面具有显著的不同。

表 1-1　项目与一般工作的区别

比较项	项目	运营
负责人	项目经理	职能经理
实施组织	项目组	部门
时限性	一次性	持续不断
目标	独特性	重复性
目的	实现目标，结束项目	持续运营
管理追求	效果	效率

项目管理的特征如图 1-1 所示。

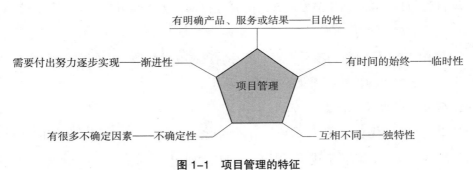

图 1-1　项目管理的特征

（1）目的性。任何一个项目都是为实现特定的组织目标服务的。

（2）临时性（也称为"一次性"）。每个项目都有自己明确的时间起点和终点，都是有始有终的，并不是不断重复、周而复始的。

（3）独特性。项目所生成的产品或服务与其他产品或服务相比，都有一定的独特之处。

（4）不确定性。每个项目都在一定程度上受客观条件的制约，因此项目的成败是不确定的，最主要的制约是资源的制约。

（5）渐进性。项目的成功需要各方的努力循序渐进，不是一蹴而就的。

（6）其他特性。其他特性包括项目的风险性、项目成果的不可挽回性、项目组织的临时性和开放性等。

1.2　项目管理

项目管理（project management）就是为了满足甚至超越项目干系人对项目的需求与期望而将理论知识、技能、工具和技巧应用到项目中去的活动。要想满足或超越项目干系人的需求和期望，我们需要在下面这些相互间有冲突的要求中寻求平衡。

（1）范围、时间、成本和质量。

（2）有不同需求和期望的项目干系人。

（3）明确表达出来的要求（需求）和未明确表达的要求（期望）。

1.2.1　项目管理的发展

项目管理是 2 000 多年前发展起来的管理技术，主要经历了以下 4 个阶段。

1. 项目管理的萌芽阶段

20 世纪 30 年代之前为项目管理的萌芽阶段，在此阶段，人们凭借经验与直觉进行运作，如中国的长城、埃及的金字塔等。

2. 项目管理的形成阶段

20 世纪 30 年代至 50 年代为项目管理的形成阶段，在此阶段，传统的项目及项目管理的概念主要起源于建筑行业，人们开始使用"甘特图"（Gantt chart）进行项目的规划与控制，如中国的"曼哈顿"原子弹计划、美国的"阿波罗"载人登月计划等。

3. 项目管理的传播阶段

20 世纪 50 年代至 70 年代末为项目管理的传播阶段，在此阶段，人们开始开发和推广网络计划技术。

4. 项目管理的发展阶段

20 世纪 80 年代至今为项目管理的发展阶段，其主要特点是项目管理范围的扩大，如电信、软件、金融、信息、媒体传播等领域。

如今，项目管理已然是一个管理上比较成熟的新思路和方法，是对实现项目目标所必需的一切活动的计划、安排与控制。不论是对管理层还是对有意晋升的一线员工来说，项目管理都是比较高效的管理活动，对其自身在该行业的发展起着不可忽视的作用。

1.2.2　项目的约束

每个项目都会以不同的方式受到范围、时间和成本目标的约束，并将质量设置为前三者的核心。

（1）范围。作为项目的一部分，需要完成哪些工作？顾客或者项目发起人希望从项目中得到什么样的独特产品、服务或成果？如何确认范围？

（2）时间。需要多长时间完成项目？项目进度如何安排？团队如何跟踪实际进程？谁有权批准进度的变更？

（3）成本。完成项目都需要花费什么？项目预算有多少？如何控制成本？谁能授权改变预算？

每个项目在建立时，以上三个方面都有着各自的目标。例如，导入案例中的影视制作公司应该明确项目最初的范围：形成一份详细的报告，并听取项目各方面的汇报。同时，作为项目经理，定义项目范围；获取一份其他公司已经实施的类似项目的调查；知晓项目粗略的成本和时间估计、风险评估、潜在回报率的大小等，并做好项目文档归类备案。应该说，导入案例中的失败从一开始就注定了。

对三维约束的管理同样包括使范围、时间和成本之间相互平衡。例如，为满足范围和时间目标，可能会增加项目预算。相反，为满足时间和成本目标，不得不缩减项目范围。有经验的项目经理明白，必须首先判断三维约束中哪个方面是最重要的。假如时间最重要，必须经常改变最初的范围或成本目标以满足日程安排。假如范围目标是最重要的，那就需要对时间和成本目标进行调整。

质量也是项目的一个关键因素，它和顾客满意或者项目发起人满意一样重要。图 1-2 说明了四者的关系。

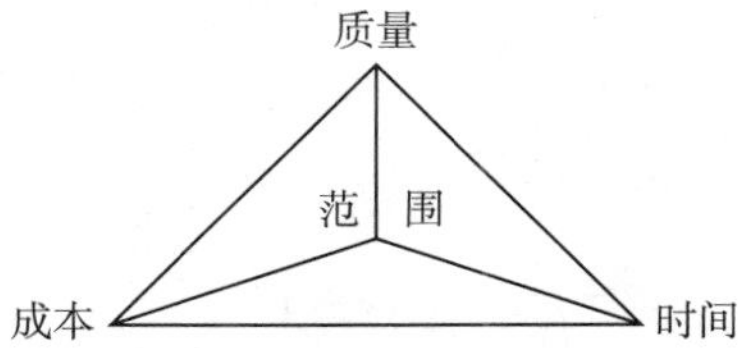

图 1-2　项目的三维约束

有时会出现这样的情况，在达到了范围、时间和成本目标的同时，却没有满足质量要求或令顾客满意，那应该如何避免出现这种情况呢？答案是，优秀的项目管理不应该仅仅满足项目的三维约束。

在执行项目的过程中，尤其是数字媒体类项目，往往会出现多种约束条件不够明晰、需要协商调和的情况。项目经理需要和合作方洽谈清楚，避免出现后期因协商不明晰而违反合同约束的情况；同时也应熟知所属行业产品质量等方面的硬性指标，避免出现违法的情况。

1.2.3　项目管理中的项目干系人

在 PMI 的定义中,项目干系人是指那些积极参与项目工作的个体和组织,或者是那些由于项目的实施或项目的成功其利益会受到正面或反面影响的个体和组织。项目干系人也叫"项目利益相关者",项目管理工作组必须识别哪些个体和组织是项目干系人,明确他们的需求和期望,然后设法满足和影响这些需求、期望,以确保项目能够成功。在项目管理的过程中,对项目干系人的识别通常是非常困难的。比如,导入案例中的公司是否有有效地识别和管理它所领导项目的干系人呢?

(1)业主。创造了对该项目需求的人。

(2)项目发起人。执行组织内部或外部的个人或团体,其以现金和实物的形式为项目提供资金、资源。项目发起人通常制定项目章程,项目发起人可能是一个内部客户,也可能是外部机构,如项目经理、项目成员、执行组织、高级管理层、职能部门经理、工会等。

(3)顾客。使用项目产品的个人或组织,如承包商、供货商和卖主。

(4)项目成员的家人或朋友。其他(通常是外部的),如管理部门、媒体、游说活动团体、特殊利益团体(SIG)。

从上述的说明中,我们可以理解到在项目团队组织中的每个角色都是项目干系人。另外,会对项目产生影响的非项目团队组织中的成员也可以是项目干系人。所以,项目团队应该识别所有项目干系人并明确需求和建议,以确保项目的成功率。

1.2.4　项目管理的特征及要素

随着项目管理的广泛应用,各种不同的产品会应用于不同的项目,但是,所有的项目都具有相同的三大要素及六大特征。

项目管理的三大要素主要包括时间要素、成本要素及效果要素。其中,时间要素表示完成的时间要快,成本要素表示完成的成本要低,效果要素表示完成后的整体效果要好。

项目管理的六大特征如下所述。

(1)目标的确定性。项目必须具有明确的目标,主要包括时间性目标、成果性目标、约束性目标等。目标的确定性允许修改,并且具有变动幅度。

（2）独特性。表示每个项目都具有自身的特点，具有唯一的特性。因为项目具有独特性，所以所有的项目都是独一无二的。

（3）约束性。项目会受到时间、资源及成本的限制。一个项目的开始时间与完成时间必须符合项目的规划时间，同时为了保证项目顺利完成，还必须符合资源及成本规划或基准的约束。

（4）一次性。项目有明确的起点和终点，是不能照搬或复制的工作。

（5）整体性。项目中的所有活动都是相关联的一个整体，不能多出，也不能缺少。

（6）不可挽回性。决定了项目的不可挽回，也就是说，项目不能像其他事件那样可以反复进行，一旦失败，将无法重新进行原项目。

随着社会的发展，信息技术越来越被重视，而项目管理技术也逐渐信息化。信息化时代的数字媒体项目管理相对于传统的项目管理具有独特的特点，这种项目管理方式也被称为现代项目管理，表 1-2 展示了传统项目管理与现代项目管理的特征对比。

表 1-2　传统项目管理与现代项目管理的特征对比

项目类别	传统项目管理	现代项目管理
管理目标	技术性	经营性、商业性、综合性
人员要求	技术技能	技术技能、商业技能、管理技能
涉及内容	技术	技术、财务学、管理学、领导学、组织行为学等知识
层次性	单一性	创新性、开发性、业务性等同时实现
管理方式	死板	灵活
风险意识	不重视	强化风险管理
项目办公室	传统、单一管理	标准化和专业化管理

1.3　项目管理的环境

1.3.1　项目管理的九大知识领域

项目管理知识领域（project management knowledge areas）描述了项目经理必须具备的关键能力。作为项目管理者，需要具备并掌握广泛的知识与能力，以便对项目进行计划、组织、评估、控制等有效的管理。项目管理所涉及的知识体系主要包括以下九大领域，在本书中，我们会按章分别进行详细阐述。

1. 项目范围管理

为了实现项目的目标而控制项目工作内容的管理过程，主要包括范围的界定、范围的规划及范围的调整等工作。

2. 项目时间管理

确保项目最终按时完成的一系列的管理过程，主要包括活动界定、活动安排、进度安排及时间控制等工作。

3. 项目成本管理

为了对项目的各项成本进行规划及将成本控制在预算之内的管理过程，主要包括在成本的约束下，对资源的配置以及成本的控制等工作。

4. 项目质量管理

为了确保项目的质量所实施的一系列的管理过程，主要包括质量规划、质量控制等工作。

5. 人力资源管理

为了更大地发挥项目干系人的能力与积极性的管理过程，主要包括组织的规划、团队的建设等工作。

6. 项目沟通管理

为了确保收集及传输项目信息所实施的一系列的管理过程，主要包括沟通规划、信息传输、进度报告等工作。

7. 项目风险管理

为解决项目实施过程中所涉及或可能遇到的不确定因素的管理过程，主要包括风险识别、风险量化、风险控制等工作。

8. 项目采购管理

为了获取项目实施组织之外的资源或服务所实施的一系列的管理过程，主要包括采购计划、选择资源、合同管理等工作。

9. 项目集成管理

为了协调和配合项目各项工作的综合性与全局性所实施的一系列的管理过程，主要包括项目集成计划的制订、项目集成计划的实施等工作。图1-3说明了项目管理的框架。

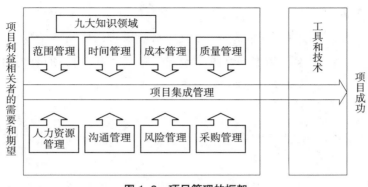

图 1-3　项目管理的框架

1.3.2　项目管理的五大过程组

一般情况下，项目管理的工作可以分为 C、D、E、F 四个阶段，项目每个阶段的工作内容如表 1-3 所示。

表 1-3　项目每个阶段工作内容

阶段	含义	工作内容
C	概念阶段	调查研究、收集数据、确定目标、资源预算、确定风险等级等
D	开发阶段	确定成员、界定范围、制订计划、工作结构分解等
E	实施阶段	建立项目组织、执行工作分解结构（work breakdown structure，WBS）工作、监督项目、控制项目等
F	结束阶段	评估与验收、文档总结、清理资源、解散项目组等

数字媒体项目管理是一项综合性的工作，多元性的特点让它本身并不能够单纯在一个知识领域内或一段时间内做出决定和行动，通常需要跨知识领域解决问题。我们可以把项目管理看成很多相互关联的过程组。

项目管理过程组（project management process groups）通常包括启动过程（initiating processes）、计划过程（planning processes）、实施过程（executing processes）、监控过程（monitoring and controlling processes）以及收尾 / 终止过程（closing processes）。项目管理过程组不等同于项目阶段，不同的项目可能有不同的项目阶段，但所有的项目都将包括五个过程组。举例来说，项目经理和团队应在项目生命周期每一个阶段重新审视项目的业务需求，以确定该项目是否值得继续进行。项目的结束阶段也需要启动过程。

1. 启动过程

启动过程包括定义和授权一个项目或项目阶段。当启动一个项目或项目阶段时，一定要有人阐明项目的商业需求，发起该项目，并承担项目经理的角色。启动过程发生在一个项目的每一个阶段。

2. 计划过程

计划过程包括设计并维护一个切实可行的计划，以确保项目专注于组织的需要。通常没有一个单一的"项目计划"，而是会有很多计划，如范围管理计划、进度管理计划、成本管理计划、采购管理计划等。我们需要确定各个知识领域与项目之间的结合点来制订计划。例如，项目小组需要制订计划来定义完成项目需要做哪些工作，并为这些工作的相关行动制定进度、估算工作成本，以及决定需要获取哪些资源来完成工作等。考虑到项目不断变化的情况，项目小组经常需要在项目生命周期的每一阶段修改计划。

3. 实施过程

实施过程包括协调人员和其他资源，实施项目计划，产生项目产品、服务、项目结果或项目的阶段结果。举例来说，实施过程包括组建项目团队、实施质量保证、发布信息、管理利益相关者期望以及项目采购执行等。

4. 监控过程

监控过程包括定期测量和检查项目进程以确保项目团队能够实现项目的目标。例如，项目经理和工作人员监督、衡量进度计划，并在必要时采取纠正措施。一个常见的监控过程就是绩效报告工作。如果需要的话，项目利益相关者可以从中发现为保证项目按计划运行所需要做出的变更。

5. 收尾 / 终止过程

收尾 / 终止过程是对项目或者项目阶段的正式接收，并使之高效率地收尾。这一过程组往往包括一些行政管理活动，如归档项目档案、终止合同、总结经验教训、对项目或项目阶段进行正式验收等。

这些过程组不是相互孤立的，而是相互联系、贯穿始终的。对于每个项目而言，各过程组所需的时间及活动水平都会有所不同。通常实施过程是最需要资源和时间的；其次是计划过程、启动过程和收尾过程（分别为项目或项目阶段的开始和结束）通常是最短的，要求资源和时间也最少。然而，每一个项目都是独一无二的，尤其是数字媒体项目自身的特点，会让一些项目在管理的过程中有例外。

你可以在项目的每个主要阶段，或者像本章中所介绍的数字媒体案例一样，在整个项目中应用这些过程组，并了解各自的特点和应用。

在《阿尔法项目经理：什么是 2% 的顶尖人才知道，而其他人不知道的》一书中，作者安迪·克罗收集了来自美国诸多公司及行业的 860 名项目经理的资料。他发现，项目在实施过程上需要投入最多的时间，其次是计划过程。而在计划过程上多花些时间，有助于缩短实施过程的时间。值得注意的是，阿尔法项目经理在计划过程所花时间通常是其他项目经理的 2 倍，但他的执行时间比其他项目经理短，如图 1-4 所示。

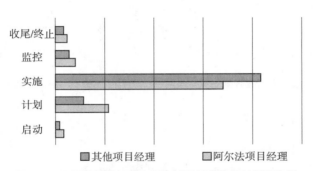

图 1-4　不同类型的经理在每个过程组中花费时间的比例

1.3.3　项目管理过程组和知识领域图解

每个项目管理过程组的主要活动与 9 个项目管理知识领域可以联系起来。在《项目管理知识体系指南》一书中，给出了项目管理过程组和知识领域图解（表 1-4），大部分项目管理流程出现在计划过程组部分。因为每个项目都是独一无二的，如果想在独特和新颖的活动中取得成功，项目小组必须做相当多的计划工作。然而，最花时间和金钱的通常是实施过程。对组织来说，努力找出项目管理如何在特定的组织中发挥最佳作用，不失为一个好的做法。党的二十大报告提出，"必须坚持系统观念""不断提高战略思维、历史思维、辩证思维、系统思维、创新思维、法治思维、底线思维能力，为前瞻性思考、全局性谋划、整体性推进党和国家各项事业提供科学思想方法"。万事万物是相互联系、相互依存的。项目管理旨在坚持系统观念，要求我们客观地而不是主观地、发展地而不是静止地、全面地而不是片面地、系统地而不是零散地、普遍联系地而不是孤立地观察事物、分析问题、解决问题，在矛盾双方对立统一的过程中把握事物发展规律。

表 1-4   项目管理过程组和知识领域图解

知识领域	项目管理过程组				
	启动	计划	实施	监控	收尾
项目范围管理		需求收集、范围定义、创建工作分解结构		范围核实、范围控制	
项目时间管理		活动定义、活动排序、活动资源估算、活动工期估算、生成进度表		进度控制	
项目成本管理		成本估算、成本预算		成本控制	
项目质量管理		质量计划	实施质量保证	实施质量控制	
项目人力资源管理		开发人力资源	项目团队组建、项目团队建设、项目团队管理		
项目沟通管理	识别利益相关者	沟通计划	信息发布、利益相关者管理	绩效报告	
项目风险管理		风险管理计划、风险识别、定性风险估计、定量风险计划、风险应对计划		风险监控	
项目采购管理		采购计划	采购执行	采购管理	采购终止
项目集成管理	制定项目章程	制订项目管理计划	指导和管理项目实施	监控项目工作、整体变更控制	项目收尾

1.3.4   项目的生命周期

项目生命周期确定了项目的开端和结束。项目生命周期通常可以确定：①每个阶段所需做的工作。②每个阶段所涉及的人。

对于项目生命周期的说明可以是非常概括的，也可以是非常详细的。高度详细的说明可能会包含大量的表、图和清单，以便于确定项目生命周期的结构，并确保其稳定性。这种详细说明的方法常常被叫作项目管理方法学。大多数项目生命周期的说明具有以下共同的特点。

（1）对成本和工作人员的需求最初比较少，在向后发展过程中需要越来越多，当项目要结束时又会剧烈减少。可以从图1-5中看到这一变化。

（2）在项目开始时，成功的概率是最低的，而风险和不确定

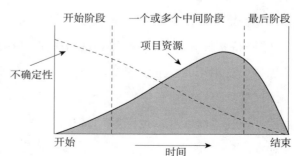

图 1-5   项目生命周期的特征

性是最高的。随着项目逐步向前发展，成功的可能性也越来越高。

（3）在项目起始阶段，项目干系人的能力对项目产品的最终特征和最终成本的影响力是最大的，随着项目的进行，这种影响力逐渐削弱了。这主要是由于随着项目的逐步发展，投入的成本在不断增加，而出现的错误也不断得以纠正。

我们要注意区分项目的生命周期和产品的生命周期，如一个已经完成的项目将一种新型的手机投放到市场，而这只是产品生命周期的一个阶段而已。

以户外媒体项目为例来说明实际应用中项目生命周期的划分和流程，如图 1-6 所示。

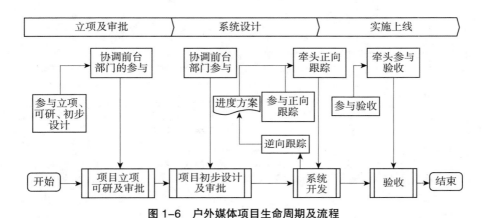

图 1-6　户外媒体项目生命周期及流程

（1）立项及审批的确定。以"项目立项可研及审批"为结束标志。

（2）系统设计的确定。以"项目初步设计及审批"为结束标志。

（3）实施上线的确定。以"验收"为结束标志。

1.4　当前数字媒体产业环境下的项目管理

在当今的大环境下，数字媒体项目和传统的项目相比具有较多不同之处。在沿用项目管理的基本理论和思想以外，项目组从业人员还需要根据项目的特点，做出相应的调节。例如，数字媒体区别于传统媒体最显著的特点是强调数字化、互动性，注重用户的参与性。"去中心化"的传播模式使得用户在传播活动中由被动变为主动，甚至成为内容的生产者。表 1-5 从项目管理的九大知识领域出发，对传统项目和数字媒体项目的显著不同做比较。

表 1–5   传统项目与数字媒体项目的差异性比较

传统项目特征 VS 数字媒体项目新特征		
角度	传统项目	数字媒体项目
客户	• 客户的 "注意力经济" • 客户的 "特定需求" • 固定客户,需求明确	• 互动性;用户的参与性 • 用户的 "非特定需求" • 非固定用户,需求隐蔽且动态 • "去中心化" 的传播模式
项目范围	• 项目开始时已确定好,很少变动	• 范围随环境和竞争对手变化 • 核心需求凸显,呈现简单化的趋势
项目时间	• 从需求到交付,有明确时间节点的标志	• 每个阶段都有开始和结束,呈周期循环
项目成本	• 取决于实体材料的成本价格变化 • 收益由特定的定制客户担负	• 数字化带来低成本 • 盈利模式不清晰
项目质量	• 有较成熟的质量衡量工具、方法和技术,有明确的质量指标	• 难以用单一的产品质量去量化数字媒体的项目质量 • 从生产过程出发衡量 • 更多依赖数据来衡量 • 从多个角度分析,如干系人、质量成本、组织和场所等
项目人力资源	• 从业人员较稳定	• 从业人员需要有敏锐感知,觉察用户需求 • 需要复合型人才 • 人员流动大,从业人员年轻化
项目风险	• 风险贯穿整个项目 • 有固定客户,产品面向客户的风险较小	• 产品慎与用户见面,避免用户流失 • 产品不能太落后于市场,因为用户不确定,竞争对手发展速度快
项目采购	• "实体" 采购偏多	• "虚拟" 材料的采购偏多,如服务 • 资源共享,避免浪费,促进合作
项目集成	• 在项目的选择上,多依靠项目组从业类型和客户要求	• 多使用 SWOT 分析,识别有潜力数字媒体项目

1.5   项目管理的工具

在项目管理过程中,项目组成员应熟练借助一些工具、技术和方法来更好地完成项目内容。对方案的判断、拟定,对过程的把控以及对人员的管理,都有一些相应的技术可以借鉴使用。

1.5.1   专家判断

专家判断是指基于某应用领域、知识领域、学科和行业等的专业知识而做出的关于当前活动的合理判断。这些专业知识可来自具有专业学历、知识、技能、经验或培训经历的任何小组或个人。

　　项目经理经常会依赖专家判断来有效开展工作。要获得成功，重要的是项目经理必须了解个人专长以及如何找到具备所需专长的其他人员。专家（拥有的技能和信息、经验、培训、教育、证书）包括成本分析专家、进度规划专家、风险管理专家等。

1.5.2　其他工具和技术

　　项目管理工具和技术能够帮助项目经理与其团队实施九大知识领域的所有工作。例如，比较常用的时间管理工具和技术包括甘特图、项目网络图、关键路线分析等。表 1-6 列举了各项目管理知识领域常用的项目管理工具和技术。当然，不同的工具在不同的环境下发挥的有效性不同。所以，项目经理及项目团队成员判断一下对于自己具体的项目使用何种工具最有用，也是至关重要的。

表 1-6　各项目管理知识领域常用的项目管理工具和技术

知识领域	工具技术
范围管理	范围说明、工作分解结构、工作说明、需求分析、范围管理计划、范围验证技术、范围变更控制
时间管理	甘特图、项目网络图、关键路径分析、赶工、快速追踪、进度绩效测量
成本管理	净现值、投资回报率、回收分析、净值管理、项目组合管理、成本估算、成本管理计划、成本基线
质量管理	质量控制、核减清单、质量控制图、帕累托图、鱼骨图、成熟度模型、统计方法
人力资源管理	激励技术、同理聆听、责任分配矩阵、项目组织图、资源柱状图、团队建设练习
沟通管理	沟通管理计划、开工会议、冲突管理、传播媒体选择、现状和进程报告、虚拟沟通、模板、项目网站
风险管理	风险管理计划、风险记录单、概率/影响矩阵、风险分级
采购管理	自制-购买分析、合同、需求建议书、资源选择、供应商评价矩阵
集成管理	项目挑选方法、项目管理方法论、利益相关者分析、项目章程、项目管理计划、项目管理软件、变更要求、变更控制委员会、项目审评会议、经验教训报告

本章小结

　　随着项目的日益增长和项目复杂性的日益提高，人们对于项目管理产生了新的兴趣。使用一种更加规范的方法来管理项目，更能帮助项目和组织获得成功。

　　项目是创造一个独特产品、一项服务，是一个临时性努力的结果。项目是独特的、临时性的，并且数目在迅速增加。它们需要各种资源，要有一个项目发起人，并且包含不确定性。项目管理的约束涉及管理项目的范围、时间、成本和质量。

项目管理就是将知识、技能、工具和技术应用到项目活动中，以满足组织的要求。项目干系人是参与项目或受项目活动影响的人。项目管理的框架包括项目干系人、项目管理知识领域以及项目管理工具和技术。九大项目管理知识领域包括项目范围、时间、成本、质量、人力资源、沟通、风险、采购和集成管理。每个知识领域都拥有许多特定的工具和技术。定义项目成功有许多不同的方法，项目经理必须了解他们所主持的项目的成功标准。

在国家大力推进数字经济发展的今天，数字媒体以其与生俱来的数字化、高度的互动性、时空上的碎片化以及多网融合的新特性，成为不可小觑的传播力量。

以5G（第五代移动通信技术）网络作为数字媒体的先进载体，不管是桌面互联网，还是移动互联网都淋漓尽致地体现了上述特点。同时，在媒体数字化的探索进程中，也涌现出应用4K/8K（超高清分辨率/数字视频标准）超高清、虚拟现实（VR）、增强现实（AR）、混合现实（MR）、扩展现实（XR）等技术的个人、户内、户外多屏数字媒体类型，展现了数字媒体发展的勃勃生机。

通过与传统项目管理的对比，我们从九大知识领域以及五大管理过程组两个维度探索了数字媒体项目管理的特点，提出了"以用户为中心的项目管理"这一观点。

 思考题

1. 数字媒体项目管理具有哪些新特征？

2. 数字媒体项目管理的九大知识领域具有哪些新特征？

3. 数字媒体项目管理中，用户的角色是什么？

4. 项目的生命周期各个阶段具备哪些特点？

5. 举例一个数字媒体类项目，说明其中的特点并阐述项目过程中所关注的内容。

 即测即练

第 2 章　数字媒体项目的集成管理

🔍 **学习目标**

1. 掌握项目集成管理的概念、整体框架和特点。

2. 熟悉战略计划流程，并用不同的方法选择数字媒体项目。

3. 了解制定项目章程对正式发起数字媒体项目集成管理的重要性。

4. 熟悉数字媒体项目实施和项目计划的关系、成功输出的相关因素，以及有助于项目实施的技术和工具。

5. 了解集成变更控制过程，了解如何计划并管理数字媒体项目的变更，开发并使用变更控制系统。

🔍 **能力目标**

1. 提升制订数字媒体项目管理计划内容的能力。

2. 熟悉数字媒体项目集成变更控制的方法。

3. 提升利用软件做好数字媒体项目集成管理的能力。

🔍 **思政目标**

1. 数字媒体项目的选择要符合政策法规、正确的价值观及符合行业发展需求。

2. 项目章程的制定合理合法，符合职业道德规范。

🔍 **导入案例**

某小型影视公司筹拍一部校园微电影，招募了一批高校大三的实习生组建了项目组，选拔了公司中有一定工作经验的李某担任项目经理。

李某领导的小组涉及多个职位，新小组成立并未有太长的磨合时间，进行小组筹建和演员招募的过程中，李某需要在每个环节进行把关。在进行拍摄的过程中，演员对于角色的理解和表现力不足，常常抱怨编剧的写作能力欠佳；而编剧则认为是演员不能胜任角色，形象气质不符合。

该项目的客户方与影视公司高层关系较好。因此对于客户方提出的各种要求，李某和项目组内的人员基本全盘接受，生怕得罪了客户。由于项目组内大部分成员为高校学生，缺乏工作经验，并且小组前期缺少磨合，在拍摄、表演、设备等问题上常常各执己见，李某需要花费大量的时间在每一个环节进行项目组内意见的统一，养成了各小组成员事事等待李某推进、不自觉进行计划实施的习惯，因此项目进度滞后。并且客户的需求不断变更，各种问题不断积压，李某觉得项目上的各种压力都集中在他一个人身上，而项目组的其他成员始终处于一个单打独斗需要他处处调节和紧盯的状态。

思考：

1. 该项目的实施过程存在哪些问题？

2. 项目管理中如何进行集成管理？

2.1 项目集成管理的整体框架

2.1.1 集成管理概述

1. 集成管理的定义

项目集成管理（project integration management）是20世纪90年代前后出现并被逐渐拓展和应用的一个项目管理知识专门领域。项目集成管理由项目经理负责。在整个项目中，虽然其他知识领域可以交给相关领域的专家进行管理，但是项目集成管理的责任不能被授权或转移，只能由项目经理负责整合所有相关领域的成果，并掌握总体情况。项目经理必须对整个项目承担最终责任。

在项目管理的九大知识领域当中，集成管理是最难定义、最难把握的概念之一，学术界的观点也各不相同。其中一些学者把集成管理看成九大知识领域的大门，首先进行介绍，使读者从全局的高度通览并由此进入项目管理的其他领域；而另外一些学者则认为集成管理是九大知识领域的压轴戏，应该放在最后论述，以便读者对其他各领域进行总结性的概括。然而，不管怎样，我们首先还是要弄明白集成管理的概念。从行为主义的观点来看，集成管理就是项目管理的全过程，虽然也涉及传统项目三角形所代表的项目质量、时间、成本三者的集成管理思想，但没有其他知识领域之分。项目管理知识体系之所以要分解成九大知识领域，其主要目的是在学习的时候便于理解和沟通。弄懂这一点，对项目管理的培训者和学习者都很重要。其实，集成管理并不是一个约定俗成的概念，而是一种观察问题和解决问题的方法，最终体现为一种理解和实施的能力。

PMI 将集成管理定义为：项目集成管理知识领域包括在项目全过程中的识别、界定、合成、统一、协调项目管理的各种过程与活动的管理工作。所以，开展项目集成管理的核心工作在于分析和找出项目各方面的配置关系，然后根据这种配置关系对整个项目过程进行合成、统一、关联、协调等集成管理工作，从而保证项目成功实施、项目利益最大化以及项目利益分配的合理化。

2. 项目管理体系的五横九纵

从图 2-1 我们可以纵览整个项目管理知识体系的完整框架，可以看到九大知识领域与五个管理过程之间的交错关系。

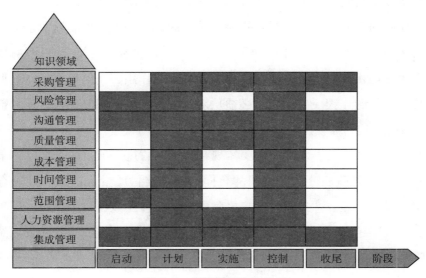

图 2-1　项目管理知识体系

（1）项目启动阶段。该阶段的主要任务就是决策立项，涉及的领域首先是项目的范围。而范围的核心问题是决定项目做什么、不做什么，这是项目立项最基本的决策。做什么的决策取决于对项目效益的评估，这离不开与项目利益相关者的沟通协调，使他们的共同利益达到最大化。而不做什么的决策则取决于对项目风险的评估，一个项目尽管会产生效益，但是如果它的风险大于效益或者超出项目利益相关者的承受能力，则宁愿放弃不做。因此，范围的取舍是通过效益与风险的对比来完成的。而整个权衡利弊的综合分析过程，则是集成管理的重要内容。

（2）项目计划阶段。该阶段贯穿九大知识领域，它是整个项目管理中最重要的环节。该阶段最能体现集成管理的特点，评价项目成功与否或满意值，体现的是一个综合性指标，而不是任意一个最优化的独立指标。这就需要我们从宏观的角度综合考虑问题，将各个领域的独立计划相互衔接，最终集成为一个综合性的满意计划。

（3）项目实施阶段。该阶段虽然在项目实际进展中占有最长的时间和最多的资源，但是这个阶段的知识含量却相对较低。它具体体现为对团队成员的授权和激励、质量保障和供应保障。该阶段涉及人力资源管理、沟通管理、质量管理（quality management）及采购管理四大领域，集成管理的作用是在实施过程中协调这四大领域之间的关系。

（4）项目控制阶段。该阶段在时间坐标上与实施阶段同步。控制是针对计划进行的，控制的对象就是实际绩效相对于计划的偏差，因此控制涵盖了计划所涉及的所有领域。控制如同计划的影子，只要有计划的地方，就会有控制的必要。同理，集成管理在控制阶段同样发挥着非常关键的作用，任何局部的变更调整都会引起其他领域的连锁反应，因此必须从宏观的角度去把握其操作，使局部调整服从整体目标，达到综合控制的目的。

（5）项目收尾阶段。该阶段主要体现在合同的收尾。项目的合同基本上可分为两类：①与供应商和分包商之间的合同，涉及支付质量保证款和处理合同纠纷等，属于采购管理。②与项目客户之间的合同，涉及该项目的验收，属于集成管理。项目收尾还涉及一项重要内容，那就是整理项目文档，建立检索系统，为今后的项目留下历史信息。

2.1.2　集成管理的科学思想

有的人倾向于把管理当作科学，有的人倾向于把管理当作艺术。不论管理是科学还是艺术，我们首先需要明确集成管理的科学思想。

（1）复杂的事情简单化。简化的最有效手段就是分解，把一个复杂的东西分解为最基本的单元，进行单独研究。在管理中就是把一个复杂的项目或工程分解到最基本的工作，再把这个最基本的工作研究透彻。

（2）简化的事情数量化。量化意味着用全世界通用的数学语言建立统一的标准，它带来的最大好处就是易于比较、便于沟通。量化在管理中还有一个好处，就是可以设置临界值，以便对事物变化的性质和趋势做出判断。通过建立在量化尺度上的临界值，就能判断一个计划是完成了还是没完成。

（3）量化的事情专业化。量化的手段为抽象事物的共性和规律性提供了方便，而一旦事物的规律性被认知了，就可以成为专业化的程序。专业化的最大好处就是可以简单重复，简单的工作可以交给机器去做。

（4）专业的事情模块化。把专业的程序固化为模块，可以用集成模块的方法增强对付复杂事情的能力，把复杂的决策变成了简单的选择。你第一次起草一份采购合同也许颇费周折，但是第二次就省事多了，你只要把上次的合同文本找出来，在上面略为改动即可完成。另外，模块化还体现为一种管理思维方法，就是我们在后面会提到的框架式思维。例如，刘易斯决策模型、3W+3H 提问法、SWOT分析法等，我们也可以把这种框架式思维模式称为思维模块。

了解了管理科学的思路，可以总结出科学的好处：易于沟通、便于学习、利于计划，可以大批量生产标准化的管理者。因此我们需要用科学态度去学习项目管理，用专业量化的术语进行沟通，用科学的方法制订计划。但需要提醒读者的是，科学不能包打天下，在决策、实施、控制阶段，在集成管理、人力资源管理和风险管理这类高度灵活的领域，如果完全按照科学的教条去办事的话，一定会饱尝挫折。管理毕竟是一门人文学科，在这些领域里，往往需要艺术手段的补充。

科学追求共性化的抽象，艺术讲究个性化的具体，科学的手段是分解，艺术的手段是集成。我们在学习项目管理知识的时候，不妨把它分解为九大知识领域，用科学的态度去独立研究、抽象规律；但是在具体的实践中，你必须把整个项目当成一个集成的系统，用艺术的态度去综合考察、具体分析。

在数字媒体项目的集成管理中，我们将科学的管理思路梳理清晰以后，就需要重点关注整个项目集成管理中的思路。

1. 用动态的眼光看待问题

从集成管理的宏观视角出发，意味着用动态的眼光看待问题。

俗话说，计划赶不上变化。这句话揭示了数字化项目管理者所处的两难境地。因为前景不确定因素太多，管理者不得不将大体项目计划编得很粗糙，以便留下变更的弹性空间；然而计划的粗糙又为实施过程制造了大量新的不确定因素，迫使计划不得不被反复修改。这个顾此失彼的被动局面最后导致了一个灾难性的后果：计划变成了毫无威信的文字游戏，谁也不认真对待了。计划的滚动完善模式，能把计划失控的被动变更，变成可控的主动变更，能够有效地解决上述矛盾。计划随着不确定因素的逐步明朗而由粗变细、循序展开，可以兼顾计划的刚性和弹性、前瞻性和反馈性、精确性和准确性等诸多要求。

2. 关注各领域间的互动关系

从宏观上讲，集成管理意味着关注各领域间的互动关系。

在整个项目的进展过程中，不可避免地渗透着诸多要素之间的互动影响。工期的变化会影响到成本和质量；成本预算的变化也会影响质量和工期；质量标准的变化会影响工期和成本。三条约束边界的变动置换，可能是被动的，也可能是主动的；更重要的是不同要素的相互影响力之比在不同情况下是不同的，这一切构成了项目管理知识领域中最具挑战性的内容。

假如你只能够看到项目各要素之间的互动关系，那说明你只是一个三流的项目经理；如果你能够区别互动要素中的主动关系与被动关系，那么你可以成为一个二流的项目经理；如果你还能够判断出各类要素在不同时间段的主要关系和次要关系的转化，那你就是一流的项目经理。

三流的项目经理是算数级，能够发现变化的产生；二流的项目经理是代数级，能够发现变化之间的因果关系；一流的项目经理是导数级，能够发现变化中的趋势。党的二十大报告中"三个务必"的思想对项目经理提出更高的要求，"全党同志务必不忘初心、牢记使命，务必谦虚谨慎、艰苦奋斗，务必敢于斗争、善于斗争，坚定历史自信，增强历史主动，谱写新时代中国特色社会主义更加绚丽的华章"。因此一流的项目经理在整个项目管理的过程中还需要增强忧患意识，坚持底线思维，发扬斗争精神，才能有效应对项目实施中主次要素转换过程中难以预料的风险挑战。

3. 角色的准确定位和灵活转换

从宏观上讲，集成管理还意味着角色的准确定位和灵活转换。

项目经理只是一个职务，这个职务扮演的角色是经常发生变化的。面对项目发起人（出资人），你是决策的执行者，可是面对团队员工，你又是决策的拍板者；面对客户，你是供应商或服务提供者，把其当上帝供着，可是转身对你的供应商，你又变成了客户，被其当上帝供着；面对发包商，你是投标者，可是面对分包商，你又变成了发包者。如果你的项目来自高层领导的指令，也许你只代表一个临时的团队，如果你的项目来自与客户签的协议，你就代表一个法人组织。在面对职能部门经理的时候，如果你是一个强势的项目经理，他们会把你当作客户，如履薄冰地侍奉着你；如果你是一个弱势的项目经理，在他们眼里就是一个受气包，是为他们抵挡客户指责的挡箭牌。

准确地把握角色的转换非常重要，立场的变化会使你用不同的视角去看待管理中的要素。同样一份投入产出的数字账，当你作为投标者把它交给发包商时，它就是成本估算，构成整个项目的成本约束；可是你转身面对分包商的时候，这部分投入的成本就变成内部预算，成为对方的成本约束。上级领导给你规定的期限，就是你项目的时间约束，而你给供应商规定的交货期限，是你工期计划中的模块，但构成了它的时间约束。同一份范围说明书，把它交给客户，是服务建议书或产品说明书；换个格式改一下，交给供应商，就是采购需求说明书；把它交给发包商，是你的标书，换个语气改一下，交给分包商，就是招标说明书。

4. 时空的两维优化

项目就像棋局，下一盘棋就是一个完整的项目管理实战演习。一盘棋的输赢，取决于对弈的双方在时间和空间上的运筹优化水平。两个棋手对弈，双方拥有的资源相等，机会也均等。可是为什么还会分出胜负呢？赢者赢在哪里？

首先赢在资源供应的时间步骤上，先拱卒还是先出车，后果大相径庭，赢得主动的先机就在挪子的先后顺序。

其次赢在资源配置的空间布局上，当头炮还是卧槽马，作用天壤之别，占据优势的奥妙全凭摆棋的组合定位。

项目管理的道理亦然。项目管理有两个轮子，系统工程和优选程序。系统工程关注的是资源在空间上的优化配置问题，优选程序关注的是时间上达到目标的优化步骤问题，空间上的优化达到经济目标，时间上的优化追求效率目标，经济加上效率，结果是效益的最优化。项目管理的所有精华，无不体现于此。

在后面的章节中，我们会反复涉及时间和空间的优化问题。例如，时间管理中的关键路径，就是资源在时间和空间上的最佳结合点；成本管理理论在空间上的扩展与时间上的延伸，追求项目整个生命周期的最低成本；成本预算中切段分配法与切块分配法的结合，可以提高资金的使用效率；采购供应管理中的零库存概念，是订购批量比例与交货准点及时间相结合的目标结果……

如果读者能够在本章就使自己站到一个可以从宏观上把握时空优化理念的高度，那么后面就会觉得游刃有余了。

2.1.3　战略计划的分析

成功的领导者会通过了解组织的发展蓝图或战略计划来确定什么样的项目能为组织带来更多的价值。有些人可能认为，项目经理不应该在战略计划和项目选择阶段就介入进来，因为这类商业决策由高层管理者负责就可以了。然而对于成功的组织来说，项目经理在项目选择过程中其实有着十分可贵的洞察力。

1. 战略计划

战略计划包括分析组织的优劣势，研究在商业环境中的机会和威胁，预测未来的趋势，以及预测对新产品和服务的需求来确定长期的目标。战略计划为组织识别和选择有潜力的项目提供重要信息。

（1）PEST 分析法。有些人喜欢用 PEST［即政治（political）、经济（economic）、社会（social）和科技（technological）］（宏观环境）分析法来对战略计划做综合分析。PEST 分析法是一种分析问题的参考方法，需要灵活运用，但不是唯一的方法。在 PEST 分析法的分析过程中可以将其作为定性分析的一种方法，但不是追求定量的数据。

（2）SWOT 分析法。许多人喜欢用 SWOT 分析法分析战略计划。

2. 选择数字媒体项目的方法

组织将识别众多有潜力的项目作为战略计划过程的一部分，并且依赖有经验的项目经理来协助做出项目选择上的决策。尽管如此，组织仍需要有潜力的项目名单，一直到剩下那些最有利润的项目。项目选择并不是确切的科学，但它是项目管理的一个重要组成部分。目前最常用的技术有以下五种。

1）聚焦于广泛的组织需求

高层管理者在决定何时、在何种水平上实施某个项目时，必须聚焦于广泛的组织需求。代表了广泛的组织需求的项目才更有可能成功，因为它们对于组织来说是相当重要的。一种根据广泛的组织需求选择项目的方法是，首先确定它们是否符合三个重要标准：需求、资金和意愿。在组织中，人们需要实施这个项目吗？组织有决心和能力提供充足的资金来执行项目吗？有没有很强的决心来保证项目的成功？当项目执行时，组织必须重新评估每个项目的需求、资金和意愿，以决定这个项目是继续做下去，还是取消，甚至终止。

2）将数字媒体项目分类

另一个选择项目的方法是依据多种分类进行决策。例如项目的动机、时间范围以及一般优先权。项目的动机一般是对问题、机遇或指令的反应。

（1）问题。人们不期望出现的那些造成组织无法实现目标的情况。这些问题可以是当前的，也可以是潜在的。

（2）机遇。改进组织的机会。

（3）指令。管理层、政府或其他一些外在的影响力施加给组织的新要求。

组织可以根据其中任何一个原因选择项目。对于那些有针对问题和指令的项目，会非常容易获得批准和资金。因为组织必须对这类项目做出反应以免给公司造成损失。很多问题和指令必须立即加以应对，但是，项目经理必须运用系统的思考方法来找到通过数字媒体项目改进组织的机会。

对数字媒体项目分类的依据是，完成一个项目所需时间以及项目必须完成的时间。有些潜在的项目必须在一个特定的时间段内完成，过了这个规定日期还没完成，那它就不是有效的项目了。

许多组织在当前的经营环境中，分别给予不同的数字媒体项目高度、中度或低度的优先权。例如，如果快速减少运营成本非常关键，那么有最大潜力的项目将会给予较高的优先权。即使那些具有中度或低度优先权的项目可以在很短的时间内完成，组织也总是优先完成优先权高的项目。通常，组织在面临多个数字媒体项目时，首先确定最重要的项目。

3）进行净现值分析、投资回报分析和回收期分析

考虑财务经常是项目选择过程中的一个主要方面，尤其是在经济困难时期。在项目开始前，许多组织需要准备一份得到批准的商业论证，而财务计划正是这

个商业论证的主要组成部分。决定项目的预计财务价值的三个最基本方法是净现值（NPV）分析、投资回报分析和回收期分析。

净现值分析：净现值分析是计算项目所产生的现金净流量，以资本成本为贴现率折现后与原始投资额现值的差额。如果财务价值作为选择项目的一个关键标准，那么组织应只考虑那些能产生正净现值的项目。这是因为，正的净现值意味着项目带来的回报超过了资本成本，即把资金投到别的地方可获得的回报。如果其他因素都相同，具有更高净现值的项目会受到偏爱。

净现值可通过下列步骤计算。

（1）确定项目周期、生产的产品以及预计的成本和收益。

（2）确定折现率。折现率是将未来现金流折现的利率。

（3）计算净现值。净现值计算公式为

$$\text{NPV} = \sum_{t=0,\cdots,n} A_t / (1+r)^t$$

式中，t 表示现金流的年份；n 表示现金流的最后一年；A 表示每年的现金流；r 表示折现率。

投资回报分析：投资回报是项目的收益减去成本后，再除以成本的结果。例如，你 2021 年投资了 100 元，它在 2022 年的价值是 110 元，此时的投资回报是（110-100）/100。投资回报是以百分比的形式出现，它可以是正值，也可以是负值。投资回报当然是越高越好。

许多组织对项目都有必要回报率的要求。必要回报率是最低可接受的投资回报率。

回收期分析：回收期分析是选择项目的另外一种重要的财务工具。回收期是以现金流的方式，将在项目中的总投资全部收回的时间。此时，净累计收益等于净累计成本。许多组织对投资回收期也有一定要求，如要求所有的数字媒体项目在两年内完成，甚至 1 年内达到回收期，而不管净现值和投资回报率如何。对于小型公司，做数字媒体项目投资决策，应重点关注项目回收期。国际性系统集成咨询公司赛博副总裁胡佛说："如果一个项目成本可在 1 年内回收，特殊利润丰厚，就值得认真考虑。如果回收期超过 1 年，那最好看看别的项目。"尽管如此，组织的技术投资，还必须考虑长远目标，因为很多关键的项目不可能这么快达到回收期，或在这么短时间内完成。

为了帮助选择项目，项目经理理解组织对于项目的财务期望显得十分重要。

同样，对于高层管理者，理解财务估算的限制条件也非常重要，尤其是对数字媒体项目。因为，对数字媒体项目精确地估计预算收益和成本是非常困难的。

4）使用加权打分模型

加权打分模型是一种根据多项帮助来为项目限制提供系统化过程的工具。这些帮助包括很多因素，如是否满足广泛的组织需求；为了应对问题、机会还是指令；完成项目所需的时间；项目的总体优先权；项目的预计财务表现等。

创建加权打分模型的第一步是确认那些对于项目限制过程非常重要的标准。开发这些标准并达成一致往往会耗费很长时间。采用简单的头脑风暴会议或使用群体软件交换意见可以协助开发这些标准。数字媒体项目的一些可能的标准包括以下内容。

（1）支持核心的格式目标。

（2）强大的内部支持。

（3）强大的用户支持。

（4）使用显示的技术。

（5）在短时间内完成。

（6）具有正净现值。

（7）在满足范围、时间和成本等目标上风险最低。

然后要为每项标准赋予一定的权重，而确定权重同样需要咨询和达成一致。这些权重表明你对每个标准的重视程度以及每个标准的重要性。你也可以基于百分比来分配权重，所有标准的权重之和必须为100%。之后，你可以针对每项标准用数字表示的分数（0 ~ 100）给项目打分。这些分数代表项目中被评分的每一项的标准程度。也可以提供打分来建立权重。例如，目前非常支持公司目标的得10分，一般支持的得5分，一点都不支持的得0分。然后简单地将分数累加来选择最好的项目，而不需要将权重和分数相乘再相加。

你还可以在加权打分模型中为特定的标准设定最小的分数和下限。例如，在百分比中，每个标准的分数都没达到50分的，组织就不考虑这个项目。

5）使用平衡计分卡方法

计分卡是一种方法论，可以将组织的价值驱动因素，如客户服务、创新、运营效率及财务绩效等，转化成一系列界定好的价值维度。组织记录并分析这些衡量标准，以驱动项目更好地帮助实现战略目标。平衡计分卡方法包括很多细节性的步骤，在整个组织中使用这种方法，有助于促进公司与信息技术的有机结合。

在实践中，组织通常使用这些方法的组合来选择项目。每种方法都有优缺点，由管理层根据本组织的特殊性来决定选择项目的最佳方法。很多项目经理在组织选择实施什么项目中是有发言权的。即使没有，他们也需要理解自己管理的项目的商业战略和目的。项目经理及团队成员经常会被召集起来，解释项目的重要性，而理解项目选择方法可以更好地帮助其描述项目。

2.2 项目章程

2.2.1 项目章程的概念及意义

1. 制定项目章程

很多数字媒体项目并没有项目章程，它们通常只有一份预算和整体指南，但不是正式的、签署过的文件。很多项目因为要求不明确、期望不合理而导致失败。因此，在项目开始阶段创建项目章程很有必要。

项目章程是由项目启动者或者发起人发布的，正式批准项目成立，并授权项目经理使用组织资源开展项目活动的文件。项目章程是一份正式确认项目存在的文件，它指明了项目的目标和管理方向，授权项目经理利用组织资源去完成项目。最理想的是，项目经理在制定项目章程中担任主要角色。一些组织会使用很长的文件或正式合约来启动项目，一些组织则只是依靠简单的共识。项目的关键利益相关者应签署一份项目章程来启动项目需求和意向上所达成的共识。项目启动阶段的关键标志就是项目章程。

制定项目章程这一过程主要的作用包含：①正式宣布项目的存在，对项目的开始实施赋予合法地位。②明确项目与组织战略目标之间的直接联系，确立项目的正式地位，并展示组织对项目的承诺。这一过程在整个项目中只开展一次或在项目预定点开展，能帮助粗略地规划项目的范围，这也是项目范围管理后续工作的重要依据。特别是数字媒体项目管理，动态性比较强，有时候组织对该类项目的认知不足，为了避免最初的项目规划与实际情况相去甚远，必须在最开始利用项目章程制订合理的项目整体规划。项目章程规定了项目经理的权限及可使用的资源，所以应该在项目章程发布之初就确定项目经理，以便其能更好地参与确定项目的计划和目标。

2. 项目章程的制定依据

任何公司或项目的项目章程都不是人们随意编制出来的，而是根据项目的特性和情况要求通过综合平衡编制的。图 2-2 描述了这一过程输入、工具与技术和输出的数据流向图。项目章程的编制，需要依据以下几个方面的信息。

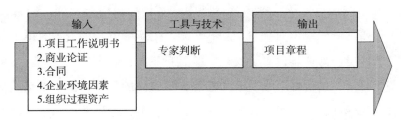

图 2-2　制定项目章程的输入、工具与技术和输出

1）项目工作说明书

项目工作说明书是项目业主或用户给出的项目具体要求说明，其主要内容有项目要求、项目产出物和工作说明及其战略规划目标等。

2）商业论证

商业论证是对一个项目投资的有效证明，如果一个项目的商业论证在任何时候丧失了有效性，这个项目就该立即停止，因为继续投入资源是不值得的。商业论证的主要内容就包括应不应该对项目投入资源的问题。商业论证中必须包括所有可能影响项目收益的量化定义，投资商（项目赞助商）在认可这样的一个商业论证之前实施的因素，如成本、效益、选项、问题、风险和潜在问题分析的信息，通过对这些因素从质量和数量维度去考虑决策行为的可能后果，并且将这些因素记录下来，形成一个完整的、书面记录的文本。

3）合同

当项目是由承包商或供应商为业主实施的业务项目，此时项目合同是制定项目章程的根本依据。人们要根据项目合同去制定项目章程，项目章程中的规定都不能违背项目合同中有关双方责任和义务的约定。

在制定项目合同时需要注意契约精神与诚信精神。契约精神是现代法制的灵魂，在社会主义市场经济条件下，契约依然是社会主体参与社会经济交往活动和进行利益交换最基本、最普遍的形式，社会主义法制必须弘扬契约精神。诚信的本质是契约精神。项目合同双方当事人应当遵循自愿、平等、公平和诚实守信的原则订立合同，依照合同约定行使相应的权力、履行义务。

4）企业环境因素

项目的环境因素（企业环境因素）是一个新概念，是指在项目计划编制之前就已经形成的背景因素，它们是客观存在的，不以项目经理和项目团队的意志为转移。因此，在项目规划中，它们常常被作为前提条件输入项目的计划编制流程。

企业环境因素包罗万象，绝大部分的因素来自项目组织外部，但也可能有少部分来自组织内部。最经常对项目规划和实施产生影响的环境因素有以下几点。

（1）自然环境，如地理位置、自然资源、自然灾害、季节、气候、污染等。

（2）市场行情，如价格水平及波动趋势，供应商的背景，供求关系状况等。

（3）法规和标准，如国家法律和政策，行业规范，通用的产品质量标准等。

（4）社会文化背景，如语言、信仰、文化、消费习俗、信誉环境、社会秩序等。

（5）基础设施条件，如交通、通信、能源、教育、卫生、安全等设施的现状。

（6）技术发展程度，如项目的技术定位，可持续开发的潜力，替代技术的情况。

（7）现行管理体制，如项目团队所属企业的所有制、组织架构、权益结构、指挥序列。

（8）外部信息资料，即项目组织可以从外部获得的数据资料，其可以是前人留下的历史信息，也可以是标杆企业的经验及教训，或竞争对手的情报及动态。

（9）刚性约束条件，如某项群众性活动的预定日期（刚性期限），客户提出的质量标准，政府或领导批准的预算等。

编制项目计划的核心技术就是准确地设定假设前提和约束条件。例如，在一个投入产出的预算模型中，所有因变量的函数值都是在假定某些变量的基础上获得的。在这诸多的假设前提和约束条件中，只要有一个数据错误，就足以让投资者血本无归了。

5）组织过程资产

组织过程资产是直译，不符合中国人的语言习惯。它的含义是一个学习型组织在项目操作过程中所积累的无形资产，包括但不限于以下内容。

（1）项目组织在项目管理过程中制定的各种规章制度、指导方针、规范标准、操作程序、工作流程、行为准则、工具方法等。

（2）项目组织在项目操作过程中获得的经验和教训，其中既包括已经形成文字的档案，也包括留在团队成员脑海中没有形成文字的思想。

（3）项目组织在项目管理过程中形成的所有文档，包括知识资料库、各类文档模板、标准化的表格、风险清单等。

（4）项目组织在以往的项目操作过程中留下的历史信息。这些历史信息有两类：①外部其他组织留下的历史信息，属于企业环境因素。②由本组织积累的历史信息，属于组织的过程资产。

在现实中，组织过程资产的积累具体表现为一个循环往复的更新过程，每一轮计划编制和控制过程，组织过程资产都会被更新，更新后的组织过程资产又被输入下一轮计划编制和控制过程，不断作用于项目的实施。

组织过程资产的累积程度，是衡量一个项目组织管理体系成熟度的重要指标。每一个项目在实践中都会形成自己独特的组织过程资产，这些独特的无形资产，构成了组织的核心竞争力。

2.2.2　项目章程的内容

项目章程是由项目经理起草，并经项目发起人或高级主管批准的。由于项目是多功能的交叉，并且常常会超出正常的公司管理层次，所以主管领导的签字非常重要。每个公司都有自己的章程格式。它可以是一页纸，包含项目执行手册中每个条目的总览，至少应包括任务说明书、项目经理的名字，以及授权项目经理使用公司资源。项目章程中应该包括以下几个方面的基本内容。

（1）项目或项目利益相关者的要求和期望。这是确定项目质量、计划与指标的根本依据，是对于项目各种价值的要求和界定。

（2）项目产出物的要求说明和规定。这是根据项目客观情况和项目相关利益主体要求提出的项目最终成果的要求与规定。

（3）开展项目的目的或理由。这是对于项目要求和项目产出物的进一步说明，是对于相关依据和目的的进一步解释。

（4）项目其他方面的规定和要求。这包括项目里程碑和进度的概述要求、大致的项目预算规定、相关利益主体的要求和影响、项目经理及其权限、项目实施组织、项目组织环境与外部条件的约束情况和假设情况、项目的投资分析结果说明等。

上述的主要内容既可以直接列在项目章程中，也可以是援引其他相关的项目文件。同时，随着项目工作的逐步开展，这些内容也会及时更新。表 2-1 是项目章程的一个模板。

表 2-1　项目章程的一个模板

项目名称：	
项目发起人：	项目经理：
项目任务说明书：	
开始日期：	期望的结束日期：
预算评估：	

关键目标：

项目关键目标	目标达成标准
涉及项目范围的目标	决定项目范围目标成功完成的明确、可测量的标准
涉及项目完成时间的目标	决定项目进度计划成功完成的明确日期
涉及项目花费的目标	决定预算目标成功的花费或花费范围
涉及质量的目标	决定项目或产品满足质量要求的明确测量标准
所有其他项目相关的各类目标	决定成功达到目标的相关的明确、可测量的标准

项目经理的责任与权力：
项目连接的主点。
负责项目计划、执行和绩效。
确保合理被授权并利用公司资源进行项目的计划、管理、跟踪和控制。
组建、培训和指导项目团队，并评估项目团队成员的绩效。
给项目团队分配和调整工作，无论其是否是公司内部的。
从项目的开始到结束，选择合适的间隔时间向公司管理者和利益相关者汇报项目进度。
控制项目的范围基线。

项目的角色和责任：

角色	责任描述
项目决策人	负责对项目整体方向进行把控，决策是否批准该项目等
项目管理层	负责协调项目
项目应用层	负责项目的执行
专家顾问	负责解决项目中专业问题
项目经理	负责项目的总体方案，以及协调资源，保证项目按时保量地完成
销售经理	在总体实施方案的前提下制订具体销售方案，按时完成项目销售进度计划，及时向项目经理汇报
培训经理	负责协调、调度培训工作

项目干系人：

序号	姓名	项目角色	内外部	需求度	职能部门	电话	邮件

续表

项目的主要里程碑：

项目风险：
项目在运作过程中可预测到的风险及相应的措施。

项目的验收：

项目奖惩政策：

审查意见：

审批人签字	时间	意见	备注
审批结论			
最终意见：	□批准　　　□否定		

签发人：	签发日期：

2.3　集成管理的步骤

2.3.1　制订数字媒体项目管理计划

1. 制订项目管理计划的原则

项目管理计划是项目成功的关键，其不仅涉及工作任务、资源、时间安排以及成本等领域，还需要时刻关注项目的变更、沟通、质量、风险以及团队。制订项目管理计划需要把握以下原则。

（1）明确目的。项目管理计划的目的在于制订一份能执行和控制项目的计划，如图 2-3 所示。在项目管理过程中，只有清楚项目目的，计划才有可实施性，一个有目的的计划是整个项目重要的一环，也是项目成功的关键。

（2）多次反复整合。项目管理计划并不是一次性就能通过的，一份全面的项目管理计划必须经过多次的、反复的规划，特别是针对数字媒体项目管理中存

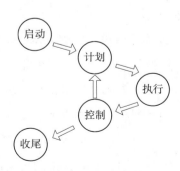

图 2-3　项目管理计划与整个项目的关系

在的多元性与动态性的特点，这当中就涉及大量输入信息的整合，并且还需要众多项目干系人达成一致意见。

（3）多样性。针对项目管理的计划，通常没有一个单一的"项目管理计划"，因此在不同的执行阶段，项目团队需根据项目特点并结合九大知识领域的要点，制订不同的执行计划。

（4）参与性。一份完美的计划并不是管理层自上而下制订的，而是需要底层来参与讨论的，因为项目制订阶段主要是提出问题、促进发展、积极互动和不断反馈，只有集思广益才能使计划更加完美。

2. 项目管理计划包含的要素

项目管理计划用来协调使用项目管理计划文件和帮助引导项目的执行与控制。这样的话，在其他知识领域制订的计划会被认为是整个项目管理计划的附属部分。在数字媒体项目管理中，项目管理计划应该是动态的、灵活的，并随着环境或者项目的改变而改变。这些计划能在领导团队和评估项目限制的过程中助项目经理一臂之力。不同的公司或者不同的项目管理计划的制订过程或内容不尽相同，但都包含着一些必要的因素。

（1）整体概述。这是有关项目目标和范围的简短概括，包括目标说明、与企业相关的简单说明、项目管理结构的描述以及其他领域的分计划等。

（2）总体目标。这是对概述部分总体目标的详细描述，涉及利润、竞争目标和技术目标等。

（3）总体方法。这是指工作管理方法和技术。

（4）计划进度。这部分涉及每一项计划任务的估计完成时间，而项目的主进度计划制订即以这些时间为基础。

（5）资源预算。这部分涉及两个方面：①成本资源的预算，针对详细的计划列出资本和费用的要求。②成本监督和控制，其中需考虑项目相关的特殊资源的监督与控制，如专用机器、测试设备及其施工、后勤、现场设施等。

（6）人员要求。这部分是指预期的人员要求，需要根据项目的特点考虑人员的类型、特殊技能，以及可能需要涉及的人员培训等。

以上这些因素都是项目管理计划不可或缺的，对于项目经理来说，制订项目管理计划的时候，全面考虑这些因素，是诞生一个完美计划的前提条件。

2.3.2　实施数字媒体项目管理计划

图 2-4 显示了项目实施的输入、工具和技术以及输出。项目实施的主要内容是管理和实施在项目管理计划中确定的工作，包括批准的变更请求、企业环境因素以及组织过程资产。项目的大部分时间和预算都是用在实施过程上的。项目的应用领域直接影响到项目的实施，因为项目的成果产生于实施的过程。

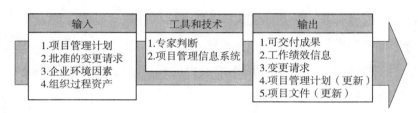

图 2-4　项目实施的输入、工具和技术以及输出

1. 项目管理计划与实施

项目集成管理把项目计划和实施看作两个交叉的、密不可分的活动。创建一个项目管理计划的主要职责是指导项目执行。一个出色的计划有助于产生良好的成果或者工作结果，它应该写明良好的工作结果是由什么组成的。计划的更新必须反映出从先前完成的工作中所得到的反馈情况。有一种方法可以帮助协调编写项目计划和项目实施两者之间的关系，那就是遵循以下这个简单规律：做工作的人应该去计划工作。所有项目成员都需要培养计划和实施的技巧，并在这些领域获取一些经验。在数字媒体项目中，那些得去编写具体规范，然后将自己的规范转换为代码的程序员，会更善于编写规范。同样，大部分系统分析员最初就是一名程序员，所以他们了解编写一份好的代码需要哪种类型的分析和文件。经项目经理负责制订全局性的项目管理计划，但他们也得依靠那些负责制订各个知识领域计划的项目团队成员提供的信息。

2. 提供强有力的领导和支持性的组织文化

强有力的领导和支持性的组织文化在项目实施过程中是必不可少的。项目经理必须以身作则，证明一个良好的项目计划有多么重要，并在项目实施中予以执行。项目经理通常也应当为自己需要做的事情制订计划。

出色的项目实施同样需要支持性的组织文化，组织程序能够有助于或者妨碍项目的执行。如果组织有一个人人都可以遵循的、实用的项目管理指南和模板，那么项目经理在计划并实施工作时就简单多了。如果组织把项目计划当作实施过程中执行和监控的基础，那么组织文化将有助于摆正良好的计划与实施之间的关系。另外，如果组织混淆了项目管理指南的真正含义，或者把项目管理指南变得官僚化了，有碍于完成工作或者无法按照计划去衡量项目进程，那么项目经理和他的团队注定会遭受挫折。

即使拥有一个支持性的组织文化，项目经理有时也会发现，有必要打破惯例以使项目及时获得成果。当项目经理打破惯例后，有效沟通将会对结果产生影响。例如，一个特殊的项目要求使用非标准的流程，项目经理一定要运用他的沟通技巧去说服利益相关者来打破只使用标准流程的惯例。打破组织的惯例并摒弃它，需要优秀的领导能力和沟通技巧。

3. 利用产品、业务和应用领域的知识

除了强有力的领导能力、沟通技巧外，项目经理也需要拥有产品、业务和应用领域的知识来成功实施项目。对于数字媒体项目经理来说，拥有优先的技术经验或者数字媒体产品相关工作知识是非常有用的。例如，如果项目经理领导一个联合应用设计团队，帮助解决用户的需求，那么团队中有人懂得商业语言和拥有技术专家就非常重要。

大部分数字媒体项目都是小项目，所以项目经理往往会被要求负责一些技术工作并指导团队成员完成项目。例如，一个为期3个月，仅有3个团队成员来开发基于数字交互的应用项目，如果项目经理能够完成部分技术工作，那么这个项目将受益匪浅。然而，在大型项目中，项目经理的主要责任是领导项目团队，与关键利益相关者进行沟通。他没有时间去做任何技术工作。在这种情况下，项目经理懂得业务和项目应用领域知识比懂得技术更重要。因此，大型项目的项目经理对业务和项目应用领域的知识有所了解更为重要。

4. 项目实施工具与技术

指挥和管理项目实施需要一些特定的工具与技术，其中一些针对特定的项目管理。项目经理可以用这些特定的关键技术开展实施过程中的活动。

专家判断：做过复杂项目的人都知道专家判断对做好决策的重要性。当项目经理遇到难题时，应向技术专家咨询，如使用什么方法论、用什么编程语言、采用什么培训方式等。

项目管理信息系统：目前市场上有数以百计的项目管理软件产品，很多组织正迈向强大的企业项目管理信息系统，这个系统很容易经互联网传播或和其他系统链接，如财务系统。即使在小型组织中，项目经理或其他团队成员也能够创建一个与其他计划文件链接的甘特图。

项目经理应该记住，积极的领导和强大的团队协作是项目管理成功的关键所在。项目经理应将一些细节工作委派给其他团队成员，自己抽身专注于领导整个项目，以确保项目的成功。利益相关者通常关注那些最重要的项目实施输出，即可交付成果。当然，在这个过程中，还有其他可交付成果，包括素材、交互设计源文件、报告等。项目实施阶段的其他输出包括工作绩效信息、变更请求、项目管理计划及项目文件的更新。

2.3.3　数字媒体项目过程监控

在一个数字媒体项目中，很多项目经理认为 90% 的工作是沟通和管理变更。在很多项目中，变更是不可避免的，所以制定并遵循流程来监控变更十分重要。

项目监控工作包括采集、衡量、发布绩效信息，还包括评估度量数据和分析趋势，以确定可以做哪些过程改进。项目小组应该持续监测项目绩效，评估项目整体状况和估计需要特别注意的地方。

图 2-5 显示了项目监控工作的输入、工具和技术以及输出。

图 2-5　项目监控工作的输入、工具和技术以及输出

项目管理计划为确定和控制项目变更提供了基准。基准是批准的项目管理计划加上核准的变更。例如，项目管理计划部分描述了项目的主要成果、产品和质量要求；项目管理计划进度部分列出了计划完成的关键性成果的日期；项目管理计划预算部分提供了完成这些成果的计划成本。项目团队的工作必须按计划进行，如果项目团队或其他人在实施项目时做出了变更，那就必须修改项目管理计划，并由项目发起人予以批准。很多人提出了不同类型的基准，如成本基准或进度基准，以更加明确地描述不同的项目目标，并努力达到这些目标。

绩效报告使用这些资料提供项目执行情况的信息。其主要目的是提醒项目经理和项目团队注意那些导致问题产生或可能引发问题的因素。项目经理和项目团队必须持续监控项目工作，以决定是否需要采取修正或预防措施、最佳行动路线是什么、何时采取行动。

项目监控工作的重要输出是变更请求，包括推荐的纠正措施、预防措施和缺陷补救措施。纠正措施可以改进项目绩效；预防措施可以降低项目风险相关的负面影响；缺陷补救措施指对有缺陷的可交付物进行补救，使其与要求一致。例如，如果项目团队成员没有报告他们的工时，纠正措施可以提醒他们如何输入信息并提醒他们应该如何去做。预防措施可以改进追踪时间或跟踪系统，以避免过去团队中常犯的错误。缺陷补救措施可以让某些团队成员将错误的地方重做。很多组织采用正式的变更请求过程和格式来跟踪项目变更。

1. 数字媒体项目集成变更控制过程

集成变更控制涉及整个项目生命周期中识别、估计和管理变更。集成变更控制的主要目的如下。

（1）控制可能造成变更的原因，以确保变更都是有益的。要想确保变更都是有益的，而且项目是成功的，项目经理及其团队必须在项目各重点要素中做出权衡，如范围、时间、成本和质量。

（2）确认变更已经发生。要确定变更是否发生，项目经理就必须时刻了解项目重点领域的状态。此外，项目经理还必须与高层管理人员和关键利益相关者就重大变更进行沟通。高层管理人员和关键利益相关者是不喜欢变更的，特别是那些意味着项目可能会减少产出、需要更多时间、费用超出计划以及质量低于预期的变更。

（3）管理发生的变更。管理变更是项目经理及其团队一项重要任务。项目经理在项目管理中强调纪律性，以减少变更的发生，这是非常重要的。

变更请求在项目中是很普遍的，并且有许多不同的形式。它们可以是口头的或书面的，也可以是正式的或非正式的。例如，负责安装工作站的项目团队成员可能会在进度评审会上询问项目经理，是否可以从同一个供应商那里以同样的成本订购一台比原计划运转速度更快的工作站。由于这种变更是积极的，对项目没有任何负面影响，项目经理可能会在进度评审会上口头予以批准。尽管如此，项目经理也需将这个变更记录下来，避免任何潜在问题的发生。此外，团队成员也该在范围声明中更新工作站的相关参数。在实际项目管理中，有很多变更请求会对项目产生重大影响。例如，客户改变了想要的素材数量，作为项目的一部分，这将会影响项目的范围和成本，这种变更也可能影响项目进度。项目团队应以书面形式提出这一重大变更，并通过正式的评审程序来分析和决定是否批准这一变更。

变更在很多数字媒体项目中肯定会存在，包括技术变更、人事变更、组织优先次序变更等。对于项目而言，严肃认真地对待变更控制是数字媒体项目成功的关键因素。一个良好的变更控制系统对项目的成功起着关键作用。

2. 数字媒体项目的变更控制

20 世纪 50 年代到 90 年代，人们普遍认为项目管理就是项目团队努力在预算内按时完成计划的工作。这种观点的问题是，项目团队很少能达到原来的项目目标，尤其是包含新技术的项目，而利益相关者又很少预先在项目的实际范围、最终产品性能和形状上达成一致。在项目早期，对时间和成本的估计很少做到精确。

大部分项目经理和高层管理者认识到，项目管理就是一个对项目目标和利益相关者期望不断进行沟通与谈判的过程。这种观点假定，变更发生在项目的整个生命周期，对一些项目而言，变更往往是有利的。例如，如果一个项目团队成员发现一种新的硬件或软件技术，可以以较少的时间和资金来满足客户的需要，项目团队和利益相关者应该接受这种在项目中做出的变更。

在实际项目实施过程中，所有的项目都将会遇到一些或大或小的变更，如何应对这些变更是项目管理的一个关键问题，尤其对数字媒体项目而言。许多数字媒体项目会涉及硬件或软件的使用，而这些硬件或软件更新频率非常快。例如，在最初计划中选定服务器的标准可能是当时最先进的，但如果订购服务器是在 6个月以后，那很可能到时候在同样的成本下可以购买一个功能更强大的服务器。这个例子说明有些变更是具有积极意义的。另外，项目计划中指定的服务器制造商也可能会破产，这就产生了一种负面的变化。数字媒体项目的管理人员应该习惯于面对项目中的变更，并且让项目计划和执行过程富有一些弹性变化。数字媒体项目的客户也应该接受以不同的方式去满足项目目标。

即使项目经理、项目团队和客户都具有灵活性，建立一个正式的变更控制系统对项目而言仍然很重要。这个正式的变更控制系统对规划和变更管理十分重要。

3. 变更控制系统

变更控制系统是一个正式的、文档式的过程，描述了正式的项目文件可能改变的时间和方式。它还显示了有权做出变更的人员、变更所需的文档和其他项目中的一些自动或手动的跟踪系统，如图 2-6 所示。变更控制系统通常包含一个变更控制委员会（CCB）、配置管理和变更控制项目内交流机制。

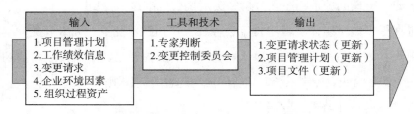

图 2-6　项目集成变更控制的输入、工具和技术以及输出

变更控制委员会是一个有权批准或拒绝项目变更的组织机构。变更控制委员会的主要职能是为提出变更请求、评估变更请求、管理那些经批准的变更请求的执行过程提供指导方针。一般应安排组织的关键利益相关者参与这个委员会，其他成员可根据每个项目特别的需求轮流担任。通过建立一个正式的委员会和变更管理流程就可以更好地进行整体变更控制。

不过，变更控制委员会也可能存在一些弊端。其中之一就是在决定是否批准变更建议上所花费的时间。变更控制委员会每周或每月召开一次会议，并且可能在会议上有些决定还会被搁置，无法确定。为了应对这种弊端，一些组织委员会针对较小的项目变更决策设计了精简的变更流程。例如，有一家公司创造了"48 小时决策"法，项目负责人可以在专业能力和授权范围内就主要的决定或变更达成一致意见。受变更或决策影响最大的领域的工作人员可以在 8 小时内向其上级申请批准。如果因为某种原因，觉得项目团队的决定不能实施，接到报告的高管层可以有 48 小时的时间来更改决定，否则视同接受项目团队的决定。在处理很多时间紧急而项目团队又必须做出决定或变更的时候，这种类型的流程是一个非常好的方法。

配置管理是集成变更控制的另一个重要组成部分。配置管理确保了项目产品的描述是正确而且完备的。这项工作包括识别和控制其支持性稳定的产品。在项目团队中，那些被认为是配置管理专家的队员，往往会受到指派，对大型项目进行配置管理。他们的工作包括：确定并记录项目产品的功能和物理设计特性；控制这些特性的变更；记录并报告变更；检查产品以验证是否符合要求等。

变更控制中另一个关键因素是沟通。项目经理应该以书面和口头的报告来帮助识别与管理项目变更。例如，在交互设计项目中，很多程序员必须编辑数据库中的一个主要文件，这需要程序员"查找"文件进行编辑。如果两个程序员找出的是同一个文件，那就必须在将文件放回数据库之前进行协调。除书面或正式的沟通方式外，口头的和非正式的沟通也很重要。有的项目经理会根据项目的进展情况每周或每天召集一次会议，项目组成员为了快速、高效地完成会议，有时会就地站着开会。这种站式会议的目的是迅速沟通项目中的重要事情。例如，项目经理可能会在每天早晨和其小组负责人召开站式会议，而在每周一的上午与所有感兴趣的利益相关者召开站式会议。让与会者站着开会，可以使会议简单一些，并迫使每个人将重点放在最重要的项目活动上。

变更时最令人沮丧的是有些人没有得到协调，也不了解最新的项目信息。整合所有的项目变更，使项目按计划运行是项目经理的责任。项目经理需要创建一套项目内交流机制，使每一个受到变更影响的人都能够及时得到项目变更相关信息与工作协调信息。电子邮件、实时数据库、手机和网络使很多项目的即时信息传播变得更加方便、快捷。我们将在以后的章节中详细学习有关良好沟通的知识。

综上所述，在数字媒体项目过程监控中，进行集成变更控制的建议如下。

（1）将项目管理看作不断沟通和谈判的过程。

（2）为变更做好准备。

（3）建立一个正式的变更控制系统，包括设立一个变更控制委员会。

（4）使用有效的配置管理。

（5）制定一个针对微小变更及时做出决定的精简变更流程。

（6）利用书面和口头形式的报告，以帮助识别和管理变更。

（7）利用项目管理软件和其他有效软件，以帮助和管理变更。

（8）聚焦于领导项目团队和达到项目总体的目标与期望。

项目经理必须在项目圆满完成的过程中展现强大的领导能力，但绝不能过多地介入项目变更的管理。通常，项目经理应该更多地将细节工作下放给项目组的成员，而自己着重为项目提供整体的领导力。记住，项目经理必须着眼于全局，实施良好的项目集成管理，带领其团队和组织取得圆满成功。

2.3.4　数字媒体项目收尾程序

数字媒体项目集成管理的最后一步是项目收尾（或项目阶段收尾）。该阶段必须将所有活动收尾，并将已完成或取消的工作移交给适当的人员。

在项目结束时，项目经理需要回顾项目管理计划，确保所有项目工作都已经完成以及项目目标均已实现。项目收尾所必需的活动包括但不限于以下方面。

（1）为达到阶段、项目的完工、退出标准所必需的行动和活动，包括：①确保所有文件和可交付成果已是最新版本，且所有问题已得到解决。②确保可交付成果已交付给客户并已获得客户的正式验收。③确保所有成本已记入项目成本账。④关闭项目账户。⑤处理多余项目材料。⑥根据组织政策编制详尽的最终项目报告，如图 2-7 所示。

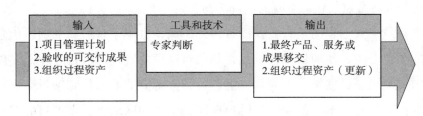

图 2-7　项目收尾的输入、工具和技术以及输出

（2）为关闭项目合同协议或项目阶段合同协议所必须开展的活动，包括：①确认项目工作正式通过验收。②最终处置未决索赔。③更新记录以反映最后结果。④存档相关信息供未来使用。

（3）为完成下一个阶段工作所必须开展的活动，包括：①收集项目或阶段记录。②审计项目成败。③管理知识分享与传递。④总结经验教训。⑤存档项目信息以供组织未来使用。

（4）向生产和运营部门移交项目的产品、服务或成果。

（5）收集关于改进或更新组织政策和程序的建议，并将它们发送给相应的组织部门。

（6）评测相关方的满意程度。

（7）如果项目在完工前就终止，结束项目或阶段过程还需要制定程序，来调查和记录提前终止的原因。

本章小结

项目集成管理通常是最重要的项目管理知识领域，因为它将所有其他项目管理领域联系在一起。一名项目经理应首先将重点放在项目的集成管理上。

在选择项目以前，执行战略规划过程对组织而言十分重要。很多组织用SWOT 分析，即根据对组织的优势、劣势、机会和威胁分析，再加以 PEST 分析外部宏观环境，识别有潜力的项目。数字媒体项目应支持组织的整体商业战略。选择项目的技术一般包括聚焦于组织的广泛需求、将数字媒体项目分类、进行净现值分析和投资回报分析及回收期分析、使用加权打分模型，以及使用平衡计分卡方法。在使用这些技术的过程中，最重要的就是确保信息数据的精确无误，需要注意项目技术的选择中"失之毫厘"就可能"差之千里"，一旦信息错漏将会导致工程的巨大损失。

 思考题

1. 结合战略规划过程，你认为在组织评估数字媒体项目的实用性时，最常用的项目选择方法是什么？

2. 项目集成管理是如何与项目生命周期、利益相关者及其他项目管理知识领域相联系的？

3. 在数字媒体项目中实施良好的集成变更控制非常重要。那么你对数字媒体项目的集成变更控制还有什么建议呢？

4. 项目集成管理各流程中的重点工作有什么注意事项呢？

5. 利用互联网搜索一个策划和执行都很好的项目以及一个灾难性的项目，并对这两个项目的集成管理进行比较。

 即测即练

第 3 章　数字媒体项目的人力资源管理

学习目标

1. 了解数字媒体项目组织结构设计及特征。
2. 掌握数字媒体项目组织结构的形成动因。
3. 熟悉数字媒体项目人力资源计划制订的方法。
4. 掌握数字媒体项目团队的组建、建设和管理的方法。

能力目标

1. 熟悉制订项目管理人力资源计划的方法。
2. 掌握数字媒体项目团队组建、建设的方法。
3. 具备数字媒体项目团队管理的能力。

思政目标

1. 项目团队人员的选择既要遵循行业的需求，同时还要把职业道德标准规范放在首位。

2. 项目人力资源的计划制订需要遵循公平、公开原则。企业提供各种任职信息都应公开其标准，保持高度的透明度。

导入案例

2005 年以前，腾讯还是一家规模较小的企业，所以最初采用的是职能制架构，职能制架构在当时的组织规模下简单易行：首席运营官（COO）管渠道和业务，首席技术官（CTO）管研发和基础架构，再由首席执行官（CEO）统一协调。

但随着腾讯多元化布局，涉足无线业务、互联网增值业务、游戏、媒体等领域后，CEO 分身乏术，协调成本也上升。因此，基于职能制架构造成的管理滞后，腾讯开始了第一次大刀阔斧的调整。以产品为导向，将业务系统化，由事业部的执行副总裁来负责整个业务。腾讯由此从一家初创公司转向规模化的生态协同，从单一的社交产品变成一站式生活平台。

2012 年，越来越多的用户将时间花在手机上，这使得传统业务部门面临巨大压力。2012 年前后，腾讯做出了第二次组织架构调整：由原有的业务系统制升级为事业群制。调整后，腾讯把业务重新划分为七大事业群。腾讯将同一产品的手机端和 PC（个人计算机）端整合，从而确保了腾讯从 PC 互联网向移动互联网升级，并通过科学技术"连接一切"，为亿万用户提供优质服务的同时建立起了开放生态。

2018 年，腾讯向产业互联网升级，基于由消费互联网向产业互联网升级的前瞻思考和主动进化，以及对自身"连接"使命和价值观的传承，将原有的七大事业群调整为六大事业群。过去，在以社交和娱乐为业务重心的腾讯业务体系中，腾讯云并不是明星。但在腾讯内部，腾讯云被视为腾讯大生态和"连接器"的一个重要落点，承担着腾讯开放战略的实行。这一次组织架构调整，突出了腾讯云在腾讯未来发展中的重要战略地位。

思考：

1. 从腾讯的三次组织架构变革中你得到什么启示？

2. 项目中的人力资源管理应该如何进行呢？

3.1　组织结构及其特征

3.1.1　组织结构与项目组织管理

1. 组织结构与项目组织的定义

组织结构是组织中正式确定的，使工作任务得以分解、组合和协调的框架体系。项目组织则是在组织结构中，为了完成某个特定的项目任务而由不同部门、不同专业的人员组成的一个特别的临时性组织，通过计划、组织、领导控制等过程，对项目的各种资源进行合理配置，以保证项目目标的成功实现。

2.组织结构的形式

（1）直线制组织。直线制组织（line organization）是最早出现的一种组织结构形式，其特点是组织中所有职位都实行从上到下的垂直领导，下级部门只能接受一个上级领导，各级负责人对其下属的一切问题负责。组织部下设专门的职能部门，所有管理职能基本上都由各个部门主管自己执行。直线制是一种最简单的组织结构形式，如图3-1所示。

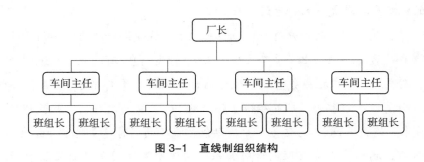

图3-1　直线制组织结构

（2）职能制组织。职能制组织（functional organization）是基于直线制组织发展起来的。它以专业职能作为划分部门的基础，在各级管理人员之下根据业务需要设立职能机构和人员，协助其从事管理工作。这种结构下，管理者把相应职能的管理职责和权力交给职能机构，由职能机构在其职责范围内行使职权，如图3-2所示。

（3）事业部制组织。事业部制组织（divisional organ-ization）指组织面对不确定的环境，按照产品或类别、市场用户、地域以及流程等不同的业务单位分别成立若干个事业部，由事业部进行独立经营和分权管理的一种分权式组织结构。事业部制组织结构具备三个基本要素，即独立的市场、自负盈亏和独立经

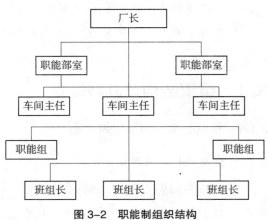

图3-2　职能制组织结构

营，而总部只保留人事决策、预算控制和监督职能，通过财务指标对事业部进行控制，如图 3-3 所示。

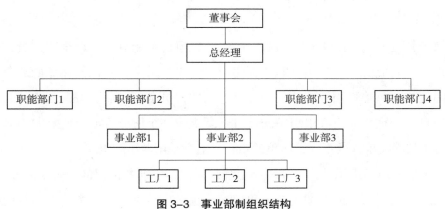

图 3-3　事业部制组织结构

（4）矩阵制组织。矩阵制组织（matrix organization）避免了职能制组织结构、事业部制组织结构中存在的沟通路径过长的问题，它既有按职能划分的垂直领导系统，又有按产品或项目划分的横向领导关系，每一名下属同时接受两名以上上司的领导；项目组人员来自不同的部门，任务完成以后就解散，项目小组为临时组织，负责人也是临时委任，如图 3-4 所示。

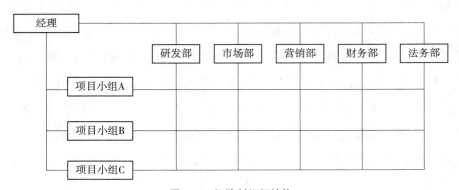

图 3-4　矩阵制组织结构

3. 数字媒体项目的组织结构

数字媒体企业应建立适应项目管理的组织结构，其关键在于矩阵制组织结构是选择强矩阵、弱矩阵还是平衡矩阵。矩阵制组织结构有强矩阵、弱矩阵和平衡矩阵三种模式，区别在于项目经理权限的大小设置。

（1）强矩阵组织结构。在强矩阵组织中，往往有专职的、具有较大权限的项目经理以及专职的项目管理人员。在这一矩阵结构中，项目经理的权限是大于部门经理的。对于技术需求程度高、时间紧迫且复杂的项目，适合采用强矩阵组织。

（2）弱矩阵组织结构。在弱矩阵组织中，项目可能只有一个全职人员，即项目经理，项目成员不是直接从职能部门调派过来，而是利用他们在职能部门中的职能岗位为项目提供服务，项目中各个部门的人员各司其职、按部就班，绩效由各部门自己管理。弱矩阵组织中的项目经理更像一个协调者或者监督者而非管理者。对于技术需求程度不高、简单的项目，适合采用弱矩阵组织。

（3）平衡矩阵组织结构。在平衡矩阵组织中，从向各部门借调过来的成员中，指定一个人承担项目的专案主持人角色，一旦项目结束，专案主持人的头衔就随之消失。平衡矩阵组织结构是对弱矩阵组织结构的改进，为强化对项目的管理，在管理班子内，从职能部门参与本项目活动的成员中任命一名项目经理。项目经理被赋予一定的权力，对项目整体与项目目标负责。对于中等技术复杂程度且周期较长的项目，适合采用平衡矩阵组织。

根据项目管理理论，数字媒体项目在建立共享机制时，首先应该根据共享的程度、频度等现实情况，选取最适合的一种组织形式。由于数字媒体企业内部跨部门的资源共享项目往往需要各职能部门的通力支持，所以设置项目部，并形成最高决策层直接领导项目部内各项目经理的矩阵制组织形式更适应于数字媒体项目管理的现实需要。若数字媒体企业的下属部门还处在职能制的管理阶段，没有项目管理基础，团队内的普通成员充当项目经理还缺乏认可与可操作性，宜采用强矩阵模式，这样既可以充分发挥项目经理对数字媒体项目运作的领导控制作用，减少中间环节、提升决策效率，又可以减少管理层级，加强组织控制能力，有效地在多目标、多任务共进的同时确保组织目标的实现。反之则应采用弱矩阵或平衡矩阵模式。

4. 数字媒体组织结构的形成动因

目前我国大部分数字媒体企业采用的是一种近似直线职能制的组织结构模式，表面上看这种组织结构科学合理，但仍然存在许多缺陷与弊端，主要表现在：①组织结构设计不合理，部门职责不清楚以及工作岗位的职责不明确。除此之外，数字媒体企业现行的组织沟通渠道不通畅，内部信息透明度存在较为突出的问题，表现为层级越低的职员其内部沟通存在的障碍越为明显。②现行组织分权程度较低，决策权高度集中，层级越低，授权越不充分。这在一定程度上挫伤了部门工作的积极性。数字媒体企业现行组织结构尽管不是典型的直线制组织结构模式，但董事会、总经理权限过于集中，对业务单元的管理幅度偏大，这使组织运行效率和管理效率不高，公司的决策和制度不能得到有效落实。③组织标准化程度不高，没有建立一套科学高效的决策程序，虽然有明确的业务流程和工作标准，但是现有业务流程和工作标准还需要进行完善。正是由于上述缺陷和弊端，组织结构不能有力地支撑媒介集团未来的发展，特别在竞争更加激烈、环境变化更为迅猛的媒介市场中，这种信息流通不畅、管理效率不高、责权利不对等的组织结构，更是无法保证企业的高效运行。

3.1.2　数字媒体环境下组织结构的发展趋势

传统企业的组织结构是金字塔式的层级结构。在这样的组织结构中，权力集中在体系的上层，信息和指令是从一个层级向另一个层级，从一个部门向另一个部门有序地传递。等级链严格地定义着企业中人员与职能之间的关系，规定着工作的先后顺序。这种组织结构强调劳动分工、权力与责任、集中和秩序的同时，也与特定的信息传递、信息处理技术和能力是紧密相关的。信息传递和信息处理的技术与能力越弱，管理的幅度就越小，管理的层级就越多。总的来说，传统的企业组织形式与工业经济时代需要高度的专业化分工协作，与实现规模经济效益的要求相吻合，适应工业经济时代信息传递的技术要求和企业高层管理者的要求。

近几年来，随着消费者需求及市场等因素变化迅速，传统的组织结构已经不能适应数字媒体企业的发展需求。对于直线职能制企业组织结构，由于它以直线制为基础，职能部门拟定的计划、方案以及有关指令，由生产行政领导者批准下达，职能部门无权对下级领导者和下级机构直接下达命令或进行指挥，只起业务指导作用。在数字媒体企业中，直线职能制组织容易产生部门间的脱节，导致信息失真、决策失误。对于事业部制组织，尽管解决了管理低效率问题，降低了企业内部的管理成本，但数字媒体的网络环境压缩了企业规模与组织层次，容易产生本位主义，建立信息交流壁垒；各事业部设立的职能部门容易造成管理机构垂直，管理人员浪费，增加交易成本。对于矩阵制组织，由于它把按职能划分的部门和按产品、服务项目划分的小组结合起来组成一个矩阵，使同一名职能成员既同职能部门保持组织与业务上的联系，又参加项目小组的工作，故而项目小组的成员都受到双重领导。正因为这种突破容易在组织内部产生工作矛盾，除非对职权与职责关系有着明确规定和理解，否则这种类型的结构会给管理者带来问题并对作业效率造成影响，同样与对数字媒体网络环境的要求有一定距离。根据社会环境变动的要求，数字媒体组织结构应朝以下几个方向发展。

1. 数字媒体的组织结构趋于扁平

组织结构扁平化是指通过减少管理层级、增大管理幅度、裁减冗员来建立一种紧凑的横向组织，强调系统的灵活性、管理层级的简化、管理幅度的增大与分权。在数字媒体组织结构中，每一位组织成员都是网络中的一个节点，每个节点能够直接与其他节点交流，而不需要通过等级制度安排渗透。因此，在数字媒体组织结构中，每个部门的边界趋于模糊，以纵向为主的信息交流逐渐转变为以横向为主的信息交流，不同部门并行工作将取代原先的顺序互动，部门间相互合作和知识共享将取代原先的相互牵制与信息封锁。于是，数字媒体组织结构中，管理的幅度增大，管理的层级减少，高耸型的组织结构逐渐趋于扁平，如图 3-5 所示。

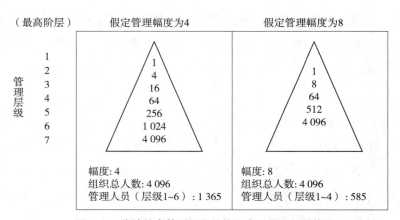

图 3-5　传统的高耸型组织结构和扁平化组织结构

数字媒体组织结构的扁平化只是一种表征，隐藏在这一表征后面的实质是对数字媒体的人员和职能之间关系的重新界定。人员是围绕任务和工作而组织起来的，任务与任务之间、部门与部门之间都不再是固定的、相互排斥的。扁平结构的益处之一就是减少了决策和行动之间的时间延迟，加快了对市场动态变化的反应。

2. 数字媒体的网络组织结构

数字媒体的网络组织结构是指一个由活性结点（结点具有决策能力）的网络连接构成的有机的组织系统。信息流驱动网络组织运作，网络组织协议保证网络组织的正常运转，网络组织通过重组去适应外部环境，通过组织成员协作创新实现网络组织的目标，如图 3-6 所示。

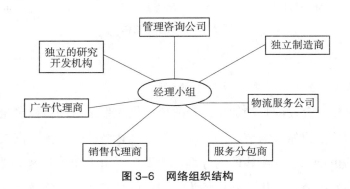

图 3-6　网络组织结构

从此定义可以看出，数字媒体网络组织结构不仅是企业组织内部的一种组织形式，同时也是企业组织之间的一种联系方式，是一种依赖于现代通信技术平台网络组织的信息交流以及信息流指引下的物流传输，更加方便各成员组织或工作团队之间相互联系，从而形成了资源共享、优势互补、超越传统组织边界和空间障碍的功能群体。

3. 数字媒体的组织弹性增大，边界趋于虚拟

数字媒体的竞争能力并不取决于企业自身的规模，而是取决于企业所能调动和利用资源的能力，这些要求引导着数字媒体组织从机械式的组织结构向有机式的组织结构发展，并最终向虚拟组织形式演变。虚拟组织是一种基于同担成本、共享资源、相互合作实体的组织结构。结构中的合作形式可以是暂时的，又可以是永存的。虚拟组织各成员企业依靠电子契约进行联结，通过电子协议相互协调，具有企业一体化的性质。同时虚拟组织中各成员企业又存在独立性。它们之间的合作关系随市场机遇的变化而迅速建立和分离，这一点又具有市场交易的特性。从某种意义上讲，虚拟组织结构是网络组织的一种极端形式，如图 3-7 所示。

建立在计算机互联网和现代通信技术之上的虚拟组织，有着各种变化的结构，体现出灵活、动态、自适应的组织特点，这也是它的魅力所在。

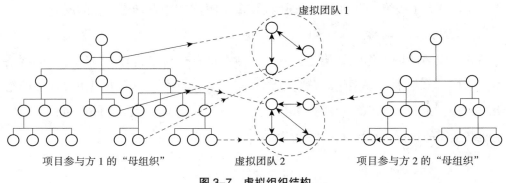

图 3-7　虚拟组织结构

4.数字媒体传播随时受到"反馈"的影响

当下，媒介融合速度日趋加快，新的传播技术带来新的传播理论，将引发社会资源的新型配置机制，需要全新的协同技术和智慧的运营体系高效运转，以应对瞬息万变的市场风云。媒体的内外部环境发生了重大变化，这就要求传统媒体和新兴媒体并驾齐驱，以用户和市场为导向，以技术和商业为驱动，以平台为基础，通过寻求多样的媒介形态和传播渠道，用多元化、立体化的内容产品扩大受众覆盖面。

数字媒体使传播的过程、作用与性质发生了更为革命性的变化，个体、小群体在传播中的主动性大大提升，以往借助印刷术和电子技术而取得绝对话语权力、单向的大众传播模式，如今受到了由数字技术支撑、双向乃至多向的人际传播模式的威胁，这种模式下的传播状态，就好比是一个多维交杂、互相作用的"混乱场"，其路径、角度和效果都更难以掌握。

3.2　制定数字媒体项目的人力资源规划

3.2.1　数字媒体项目人力资源管理的重要性

作为信息和文化产业的运作成果，数字媒体作品是作用于意识形态的精神产物，与一般的有形产品有着本质的不同。当一般有形产品需要依靠科技要素提升核心价值时，科学技术在数字媒体作品的生成过程中只是属于包装或者外延层面，充当着重要的辅助作品价值实现的手段，科技要素并不成为其核心价值的成分；数字媒体作品真正的核心价值在于作品的内容本身，以及通过作品内容提供给受众能够共享的文化意境、日常娱乐、美学价值、价值取向以及道德观念等。所以说数字媒体是能够提供给消费者特殊价值的一系列技能和技术的组合,最终体现的不是一般意义上的先进设备、精密仪器或者科技手段,而是凝结在从业人员头脑中的知识修养、业务能力、创新思维和价值观念。由这些修养、水平和能力决定的数字媒体作品以及该作品在市场上的传播效果,最终形成决定数字媒体组织市场荣衰的核心要素。无疑,这些抽象要素的具象载体——数字媒体从业人员,即经过有效管理、有着高综合素质、强团队精神、高组织忠诚度的数字媒体人力资源,便是数字媒体组织的核心竞争力。

党的二十大报告指出,教育、科技、人才是全面建设社会主义现代化国家的基础性、战略性支撑。必须坚持科技是第一生产力、人才是第一资源、创新是第一动力。这些对数字媒体项目所需的核心人才提出了更高的要求。换句话说,人力资源是数字媒体组织关键竞争要素的起源、载体和基础,其自身质量和水平构成了数字媒体企业核心竞争力的整体体系。在这里,数字媒体组织的人力资源可以分为精英人才资源和一般员工资源两个层面:精英人才资源往往体现为名人资源,它是数字媒体组织人力资源的精尖层面、组织能力的最高水平,它决定着数字媒体组织竞争的取胜概率和竞争强度;一般员工资源是数字媒体组织群体的本体层面,其综合实力决定着数字媒体组织竞争的胜算和可持续性的后劲。

3.2.2 制订数字媒体项目人力资源管理计划的原则

制订数字媒体项目人力资源计划时应把握以下原则:①利益整合。个体必须认可组织的目的和价值观,并把他的价值观、知识与努力集中于组织的需要和机会上。②公平、公开。在人力资源规划方面,企业在提供有关职业发展的各种信息、教育培训管理机会、任职机会时,都应当公开其条件标准,保持高度的透明度。这是组织成员的人格受到尊重的体现,是维护管理人员整体积极性的保证。③动态目标。一般来说,组织是变动的,组织的职位是动态的,因此组织对于员工的人力资源规划也应当是动态的。在"未来职位"的供给方面,组织除了要用自身的良好成长加以保证外,还要注重员工在成长中所能开拓和创造的岗位。④全程推动。在实施人力资源规划的各个环节,对员工进行全过程的观察、设计、实施和调整,以保证人力资源规划与管理活动的持续性,使其效果得到保证。

3.2.3　编制数字媒体项目人力资源规划的步骤

编制数字媒体项目人力资源规划有以下步骤：①根据企业的发展规划，结合企业各部门的人力资源需求进行盘点，确定人力资源需求的大致情况。②根据企业的发展规划，综合职务分析报告的内容，详细陈述企业的组织结构、职务设置、职位描述和职务资格要求等内容，为企业描述未来的组织职能规模和模式。③在人员配置和职务计划的基础上，合理预测各部门的人员需求状况。④确定员工供给状况。在确认供给状况时，要陈述清楚人员供给的方式、人员内外部的流动政策、人员获取途径和获取实施计划等。⑤制订人力资源管理政策调整计划。该计划中要明确阐述人力资源政策调整的原因、调整步骤和调整范围等。⑥编制人力资源费用预算。有详细的费用预算，让公司决策层知道各部门的每一笔钱花在什么地方，才更容易得到相应的费用，实现人力资源调整计划。⑦编制培训计划。培训的目的，一方面是提升企业现有员工的素质，适应企业发展的需要；另一方面是培养员工认同公司的经营理念、企业文化，培养员工爱岗敬业精神。培训计划要包括培训政策、培训需求、培训内容、培训形式、培训效果评估以及培训考核等内容，每一项都要有详细的文档，有时间进度和可操作性。⑧在编写人力资源规划时，还要注意防止人力资源管理中可能会遇到的风险。这些潜在的风险有些甚至会影响到公司的正常运作，甚至造成致命的打击。规避这些风险是人力资源部的一项重要职责，在编写人力资源规划时要结合公司实际，综合职务分析和员工情绪调查表，提出可能存在的各种风险及应对办法，尽可能减少风险带来的损失。

3.3　数字媒体项目的团队管理

3.3.1　数字媒体项目团队建设中项目经理的角色

项目经理在数字媒体项目中占有举足轻重的地位，是数字媒体项目实施阶段所有工作的主要负责人，是项目动态管理的体现者，是项目生产要素合理投入和优化组合的组织者。

1.项目经理的位置

项目经理的位置是指项目经理在数字媒体企业中同其他经理之间的位置关系，与部门经理在公司中所担任的角色、责任、义务等均有不同。部门经理一般是数字媒体企业的一个专业部门负责人，限于对某一方面的专业技术或职能进行管理。

因此项目经理在确定其项目团队的人员时往往要通过人员所在部门的部门经理及人力资源部经理，确定费用时可能要通过财务部门经理。

项目经理在数字媒体项目确定后对经费的具体使用、工作安排及项目计划控制等有一定的决定权，但在数字媒体项目技术的选择及专业人员的安排使用上，部门经理有一定的影响力。项目经理在数字媒体项目工作结束后，其工作职责也就基本完成，而部门经理的职责往往不是和数字媒体项目结束与否相衔接的。项目经理负责项目的工作和项目团队，而部门经理负责本部门的业务和人员。

2. 项目经理的作用

（1）项目经理是数字媒体项目的负责人。在数字媒体项目进行中，项目经理要根据项目进度及具体情况，及时与项目客户或委托方进行沟通，调整项目的方向、工作重点和工作进度等，确保项目的实施成果满足客户或委托方的需要，保证项目目标的实现。

（2）项目经理对数字媒体项目进行有效的日常管理。项目经理是经过授权的数字媒体项目负责人，对项目的各种事务进行全面、细致而有效的管理。项目经理对数字媒体项目的工作必须进行周密的筹划，对其工作时间要进行认真的安排。在日常管理中，项目经理要充分发挥项目团队成员的主观能动性，要加强对成员在项目工作中的指导，对项目运行中可能出现的问题做出准确的预测与判断。同时由于数字媒体组织的核心在支配力上已经大为减弱，项目经理由决策指挥者和控制监督者变为以服务协调、教练指导为其主要职责的角色，尤其在由技术支配的流程和节点中，需要当好"服务者""协调者"。

（3）项目经理进行数字媒体项目具体事务决策。数字媒体项目在进行中经常有许多问题需要当即做出判断，决定在何时、采取何种具体行动，以及行动的具体方案。项目经理是项目的具体决策者与指挥者，对于数字媒体项目运行中出现的矛盾，要及时处理，进行决策，必要时还要请示上级决策者。

3.3.2　数字媒体项目团队的建设

1. 项目团队组建方式

数字媒体的"新"相对于传统媒体的"传统"，主要体现在交互性、及时性，以及传播渠道的多样性。数字媒体是建立在新技术基础之上的新型传播平台、渠道及载体，作为知识密集型领域，人才的数量和质量对数字媒体的发展壮大具有至关重要的影响。数字媒体要求技术人员必须有较强的数字媒体技术功底及敏锐的行业洞察力，且对新技术、新技能的发展保持关注并能灵活运用到数字媒体生产环节中。

如果将数字媒体项目比作冰山的话，那么露出水面的部分就是现阶段能够提供的项目支持能力——这种能力是显而易见的，也易于评估；而藏在水面下的那部分就是数字媒体演进过程中的诸多不确定性——既难琢磨，又难评估。这需要依靠优秀的数字媒体项目经理组建、塑造一支好的项目团队。那么该怎么组建数字媒体项目团队呢？

搭建项目班子、组建项目团队是数字媒体项目经理在项目开始阶段最重要的工作，直接关系到后期项目能否正常进行。结合以往的项目经验，数字媒体项目经理需要做好：①根据项目范围和WBS，对资源需求进行分析和识别，弄明白项目需要哪些人力资源，其中关键资源需要多少、常规资源需要多少、各种资源需要占用多少时间、每种资源需要什么经验、具备什么技能。②了解这些关键资源当前的工作安排情况，找时间和一些想招纳的关键骨干人员进行私下沟通，提前掌握他们的工作安排，向他们介绍一下项目情况，请他们对项目提出看法，看看他们对项目是否感兴趣。③注意项目团队的合理搭配。在项目成员的技能和经验基本符合项目要求的前提下，需要重点考虑人员的沟通和协调能力、对项目的认同度，数字媒体项目经理在挑选人员的时候，应尽量剔除性格孤僻、对项目没有认同感的人员。当今科技进步、产业升级、工业转型等多方面成就的取得都是由团队的精诚合作来完成的，个人能力放在团队之中能够获得更高远的价值表达。在团队合作中，团队成员的组织协调、合作创新、矛盾处理、领导策划、人际沟通等方面的能力都能得到提升，项目实施过程中的专业技术知识也可以向团队中的师长和队员请教。团队合作能力是社会发展对人才提出的必备职业素质，所以团队的建设与团队的成长非常重要。

上述工作做好后，接下来的工作就是和骨干人员做一对一面谈，一定要让骨干人员领会项目目标，明确肩负的责任，听听他们对项目的看法，有什么好的建议，要尽量发挥骨干人员的主观能动性，介绍项目纪律和考核制度，纪律和考核制度一定要在团队建立的时候就说清楚，否则后续项目将无法进行公开、公正、透明的考核和惩罚。

2. 项目团队的主要特点

（1）目标性。每一个项目都有明确的目标，即在一定的限制条件下完成独特的项目产品或服务。项目的目标决定了为实现这一目标而组成的项目团队也具有很强的目标性。它有严格的三维要求（即工期、质量和成本）。在组建的项目团队组织结构中，项目团队成员都紧紧围绕着团队要达成的目标实施一系列活动，使目标最终得以实现。

（2）临时性。项目团队是为了完成某个特定的一次性项目组建而成，项目团队组建的时候，其成员来自不同的职能部门、组织机构，当这个目标达成时，团队也随之解散，团队成员会回到原来的职能部门、组织机构或重新进入其他项目团队。因此，项目团队通常是短期的、临时的。

（3）多样性。由于一个项目涉及的业务众多，项目团队成员来自不同的职能部门、组织机构，组建是为了达成项目目标，因此他们相互依赖、相互信任，进行良好的合作。其中除了涉及业务的多样性，也涉及团队成员跨专业的多样性。

（4）开放性。在项目周期的不同阶段，项目团队成员处于一种动态的变化之中。在项目的整个生命周期中，团队成员的工作内容和职能常会根据项目的需求变化。由此可见，项目团队成员的变化具有较大的灵活性，项目团队具有明显的开放性。

3. 项目团队建设的五个阶段

团队的发展是一个动态过程，大多数团队都处于不断变化的状态下。研究表明，团队的发展经过了五个阶段。

1）形成阶段

形成（forming）阶段包括两个部分。

（1）人们加入团队，可能是由于组织的工作分配，也可能是希望得到其他效益（如地位、自尊、权利、归属感、安全感等），有积极的愿望急于开始工作。

（2）界定团队的目标、结构、领导层等工作。该部分以极大的不确定性为特点。团队成员对自己的角色不是很了解，常常是"摸着石头过河"，探索被团队所接受的工作方式。当团队成员把自己视为团队的一分子思考问题时，该阶段结束。

在这个阶段，项目经理需要进行团队的指导和整体的构建工作。在整个管理过程中，需要向团队公布项目的工作范围、质量、预算和进度计划的标准与限制，使每个成员了解并建立共同的愿景。

项目经理还需明确项目团队成员的角色、主要任务和要求，帮助他们尽快进入角色、理解任务内容，确保工作顺利有序地进行。

2）震荡阶段

震荡（storming）阶段凸显内部冲突，此时团队成员虽然表面接受了团队的存在，但是却抵制团队对个体的控制，并且在由谁控制团队的问题上发生冲突。该阶段结束时，团队内部出现了比较明朗的领导层级，团队成员在发展方向上也达成了共识。

在整个阶段，项目经理需要创造一个理解和支持的环境，应该对团队成员所表达的不满积极进行引导，做好向导工作，努力解决矛盾，依靠团队成员共同解决问题、共同决策。

3）规范阶段

规范（norming）阶段团队关系得以发展，团队内部关系已经确立，团队表现出内聚力，此时团队成员产生强烈的认同感和志同道合感。当团队比较稳固，团队成员对什么是正确的成员行为达成共识时，该阶段结束。

在这一阶段，团队的矛盾要远远小于震荡阶段。团队成员在关系确立过程中，个人愿望与现实目标逐步统一，团队逐渐产生认同感，建立起一套规范、标准，形成团队成员的基础。

在这一阶段，项目经理应该尽量减少指导性工作，给予团队成员更多的支持和帮助，营造团队文化，注重培养成员对团队的认同感、归属感，从而营造出互相协作、互相帮助、互相关爱、努力奉献的精神氛围。

4）执行阶段

执行（performing）阶段团队的结构发挥着最大作用，并得到广泛认同，团队的主要精力从相互认识和了解过渡到当前工作任务上。

在这一阶段，团队根据实际需要，以团队、个人或是临时小组的形式进行工作，相互依赖性高，团队成员经常合作且在自己的工作任务外相互帮助。在执行阶段，团队能感觉到高度授权，如果出现问题，就由成员组成临时小组解决问题，并决定如何实施方案。

在执行阶段，项目经理工作的重点应是授予团队成员更大的权力，尽量发挥成员的潜力。通过掌握项目的成本、进度、工作范围的具体完成情况，保证项目目标得以实现，同时在这一过程中对团队成员的工作绩效做出客观的评价，并采取适当的方式给予激励。

5）解体阶段

解体（adjourning）阶段并不是所有团队都必须经历的，而是对一些临时团队而言的，如临时委员会、特别行动小组等。该阶段团队为解散做好准备，团队所关注的头等大事是如何做好善后工作。此时，团队成员的反应各不相同：一些人为团队所取得的成就而兴奋不已、心满意足；也有一些人则可能为即将失去在团队生活中所获得的和谐与友谊而闷闷不乐、郁郁寡欢。

3.3.3　项目团队管理的要素

1. 责任分配矩阵

责任分配矩阵（responsibility assignment matrix，RAM）是用来对项目团队成员进行分工（图 3-8），明确其角色与职责的有效工具，通过这样的关系矩阵，项目团队每个成员的角色，也就是谁做什么，以及他们的职责，也就是谁决定什么，得到了直观的反映。项目的每个具体任务都能落实到参与项目的团队成员身上，确保了项目的事有人做、人有事干。对小型项目来说，将工作分解结构的活动分配到个人的做法更有效；而对于超大型项目来说，更有效的做法是将工作分配到组织的单位或团队之中。

WBS活动 →	1.1.1	1.1.2	1.1.3	1.1.4	1.1.5	1.1.6	1.1.7	1.1.8
系统工程	R	RP					R	
软件开发			RP					
内容制作				RP				
测试工程	R							
质量保证					RP			
配置管理						RP		
培训								RP

OBS 单元

R=责任组织单位
P=执行组织单位

图 3-8　责任分配矩阵样本

2. 激励

项目经理有效的激励会点燃团队成员的激情，激发他们的工作积极性，让他们产生超越自我的欲望，在团队工作中释放潜力，为团队奉献自己的热情。"激励机制"是企业将远大理想转化为具体事实的连接手段。一般来说，一个组织的激励机制离不开以下四个要素。

（1）目标牵引机制。目标牵引机制主要发挥拉力作用，也就是给组织成员设定目标和期望，通过引导，让成员在团队工作期间确定适宜自己的正确的工作态度和行为，从而使成员将个人贡献匹配入组织目标中。

（2）监督约束机制。在团队组建初期，团队会制定各种规章制度、评价体系、工作机制等对团队内成员的行为进行约束和规范，促使成员进入项目预定的轨道。

（3）奖惩激励机制。奖惩激励机制是通过对分工授权系统、薪酬体系、绩效管理系统以及职业晋升通道等的管理，促使员工在为组织做出贡献的前提下满足自身物质和精神的需求。

（4）竞争淘汰机制。竞争淘汰能激发组织内部员工的压力和动力，激活人力资源，筛除不合格人员，防止人员因惰性导致消极怠工。一般来说，竞争淘汰的方式包含竞争上岗制度、人才退出制度、末位淘汰制度等。

每一种机制对组织的作用各不相同，但是相辅相成、缺一不可。团队在这些机制的辅助下，才能健康平稳地发展。

3. 绩效

绩效考评是人力资源管理中的一个环节，它往往决定着整个激励机制的成败，所以，在建立绩效考评体系的时候就需要深思熟虑。在体系建设之初就需要考虑绩效考评的内容、绩效考评的流程以及绩效考评的原则。

1）绩效考评的内容

（1）工作业绩。其是考核的核心指标，主要考评员工完成工作的客观结果。

（2）工作能力。其是考核的辅助指标，主要考评员工个人素质的客观潜能。

（3）工作态度。其是考核的参考指标，主要考评员工对工作的主观态度。

2）绩效考评的流程

（1）制定标准。其主要是根据项目的计划及目标制定一个衡量员工绩效的标准。

（2）收集信息。其主要是收集员工在完成项目任务过程中的工作表现、工作结果等，并将这些信息汇集成数据或资料。

（3）分析评估。其主要是用制定的标准对收集的信息进行比对和测评，得出员工的考评绩效。

3）绩效考评的原则

（1）公开透明。公开透明是人力资源管理中非常重要的原则，团队成员感到任何不公平的待遇都会影响他的工作效率和工作情绪，并且影响到激励效果。而且在绩效考评最初，需要将考评标准及方法告知所有人，并保证整个考评过程公开透明，获得团队成员的认可。

（2）客观公正。在公布考评标准和方法后，对所有团队成员的考评都需要严格执行标准，所有人都应该一视同仁，不得出现考评标准多样化的现象，导致团队工作的不和谐。

（3）全面细致。在进行绩效考评时，一定要保证考评的信息真实全面，避免在相关数据信息不翔实、不充分的情况下得出考评结果。

开展绩效考评有助于促进项目适应发展的需求，促使项目朝着既定的目标发展，围绕提高效率和效益而不断改进工作，加强组织的内部管理，从而更好地完成项目。

本章小结

员工是组织或者项目最重要的财富，因此，数字媒体项目经理还必须成为一个好的人力资源经理。数字媒体项目人力资源主要包括的阶段有：制订人力资源计划、组建项目团队、建设项目团队、管理项目团队。数字媒体项目人力资源管理远不只是在组织计划和资源分配上使用软件这么简单。一个好的项目经理之所以出色，不是因为他拥有好的工具，而是他拥有激发项目团队成员为工作、为组织全力以赴、做到最好的能力。

思考题

1. 现在的就业市场和经济状况如何影响数字媒体项目的人力资源管理？
2. 数字媒体项目团队组建有哪些注意事项？
3. 哪些工具和方法可以帮助项目经理管理项目团队？
4. 在数字经济的环境下，项目经理如何管理虚拟团队人员？
5. 在数字媒体项目团队组建过程中，项目经理如何吸引数字媒体人才呢？

即测即练

第4章 数字媒体项目的范围管理

学习目标

1. 了解项目范围管理的概念，并明确数字媒体项目范围管理的工作和意义。

2. 了解数字媒体项目需求收集和记录的方法，满足项目干系人的需求和期望。

3. 掌握工作分解技术，并学会运用工作分解技术做出数字媒体项目工作分解结构。

4. 理解数字媒体项目范围变更控制的方法和技术。

能力目标

1. 具备调研用户需求、识别项目范围、规划项目范围的能力。

2. 掌握项目工作分解结构的方法，具备利用相关技术制作工作分解结构图的能力。

3. 具备利用项目管理工具进行项目范围调整的能力。

思政目标

1. 理解项目需求如何正向、全面，能贴合并解决社会难题和焦点。

2. 掌握项目范围的规划方向，能正确提高项目效率，并利用项目范围的收集使项目更贴合用户的真实需求。

🔍 **导入案例**

某信息技术有限公司刚刚和 M 公司签订了一份合同，合同的主要内容是处理公司以前为 M 公司开发的应用程序中交互设计部分的升级工作。升级后的应用程序可以满足 M 公司新的 VR 业务的运行。由于是一个现有应用程序中交互设计部分的升级，项目经理张工特意请来了原应用程序需求调研人员李工担任该项目的需求调研负责人。

在李工的帮助下，很快地完成了需求开发的工作并进入设计阶段。由于 M 公司的业务非常繁忙，其业务代表没有足够的时间投入项目，确认需求的工作一拖再拖。张工认为，双方已经建立了密切的合作关系，李工也参加了原应用程序的需求开发，对业务的系统比较熟悉，因此定义的需求是清晰的。故张工并没有催促业务代表在需求说明书中签字。

而后，李工因故移民，需要离开项目组。张工考虑到系统需求已经定义，李工的离职虽然会对项目造成一定的影响，但影响较小，因此很快办理好了李工的离职手续。在应用程序中交互设计部分的升级工作完成，进行交付时，M 公司的业务代表认为已经提出的需求很多没有实现，实现的需求也有很多不能满足业务的要求，必须全部实现这些需求后才能验收。此时李工已经不在项目组，没有人能清晰地解释需求说明书。最终该应用程序需求发生重大改变，项目延期50%，M 公司的业务代表也对该项目的延期表示了强烈的不满。

思考：

1. 项目中的问题是什么导致的？

2. 项目经理应该如何管控项目，才能避免这种问题的出现？

4.1　范围管理的概念及特征

4.1.1　范围管理的概念

对于任何一个项目来说，它的最终产品可以是产品，也可以是服务，或者是二者的结合。项目范围是基于所有产品和服务的范围定义的，层层深入、逐渐具体。一个项目是由许多子项目组合而成，而每个子项目既独立又相互依存。一个单一的产品都会由诸多因素构成，而每个因素都应该有独立的范围。

　　项目范围管理包括确保项目做且只做所需的全部工作，以完成项目的各个过程。管理项目范围主要在于定义和控制哪些工作应该包括在项目内，哪些不应该包括在项目内。

　　在项目环境中，范围包括三种含义。

　　（1）产品范围。某项产品或服务需要具备的功能和性质。

　　（2）产品规格。某项产品或服务包括的性质和功能，应该适应什么样的工作环境。

　　（3）项目范围。为了交付某项具体特定性质和功能的产品或服务所必须做的工作。

　　组织需要根据项目管理计划来衡量项目范围是否完成，根据产品需求来衡量产品范围是否完成。范围管理往往包含六个过程：范围规划、需求收集、范围定义、创建工作分解结构、范围核实以及范围控制，具体分析内容在本章后续。

4.1.2　范围管理的特征

　　在传统项目环境中，范围比较具体，通过对工作任务的取舍，可以比较好地进行范围的规划。通常情况下，范围可以由四个因素决定，如图4-1所示。

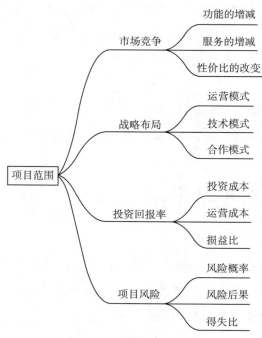

图 4-1　决定项目范围的因素

数字媒体项目动态性更强，在互联网的背景下，需要随时根据用户需求和市场变化做出改变，数字媒体项目是典型的用户对象生产模式。同时，数字媒体项目还受行业特点约束，这类需求往往属于隐形的、不可直接获取的，需要项目经理做一个清晰的定义。一个项目的范围往往很难在一开始进行明确的界定，有时组织和项目经理自己对该类项目的认识都不足，开始的需求描述与实际需求往往相差较多。

数字媒体项目范围的界定是直接影响项目成败的关键。在项目实践中，"需求蔓延"是项目失败最常见的原因之一，数字媒体项目往往在项目启动、计划、实施甚至收尾时不断加入新功能，无论是客户的要求还是项目实现人员对新技术、新思路的试验，都可能导致数字媒体项目范围的失控，从而使得数字媒体项目在时间、资源和质量上都受到严重影响。

项目管理中的任何差错都会影响项目的结果，而范围管理的失误对项目的影响更为明显。模糊的项目范围定义、错误的工作分解、缺失的范围确认和无力的范围控制都将严重影响项目的结果。正确判断形势，是谋划未来、科学决策的重要前提。

4.2　范围管理的六大过程

对于数字媒体项目来说，范围管理中的范围规划、需求收集、范围定义、创建工作分解结构是在项目管理过程组中的计划阶段要完成的工作；而在项目管理过程组的监控阶段就要实施范围管理的范围核实、范围控制等工作了。图 4-2 展示了项目每个过程的主要输入、输出内容以及工具与技术。

由于很多工作都涉及战略、反馈、评价、信息采集、供应、媒体产品制作、包装等环节，所以范围管理流程尤为重要，不然很容易造成范围蔓延。图 4-3 展示了项目范围管理的流程和节点。

4.2.1　范围规划

该过程主要是记录如何定义、确认与控制项目范围和产品范围，从而创建范围管理计划的过程。该过程的作用是对整个项目期间如何管理范围提供指南和方向。

图4-2 项目范围管理概述

在该阶段的主要输出内容中，输出的文件首先是范围管理计划，它能描述如何定义、制定、监督、控制和确认项目范围；其次是需求管理计划，其应描述如何去分析、记录与管理项目和产品的需求。

该过程仅在项目的预定义期间开展，且仅开展一次，重点需要依据项目章程所记录的项目目的、项目概述、假设条件、制约因素以及项目意图实现的高层级需求等开展。

在范围规划时，需要联系实际工作，考虑各种制约因素。例如，准备采取的行动是否可能违背组织的既定方针，某些活动之间是否存在必然的联系等。同时，

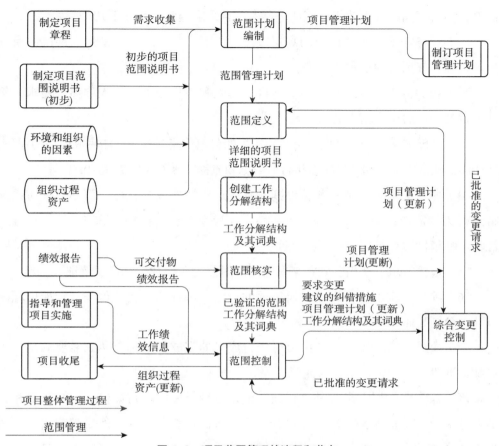

图 4-3　项目范围管理的流程和节点

每个项目都必须慎重地权衡工具、数据来源、方法论、过程和程序以及其他因素，以确保在管理项目范围时所做的努力与项目的规模、复杂性和重要性相符。

4.2.2　需求收集

需求收集是为实现目标而确定、记录并管理相关方的需要和需求的过程，主要作用是为定义产品范围和项目范围奠定基础。

在收集项目的需求时，不仅需要考虑项目的完成度，也需要考虑需求的正向性以及全面性。应完全杜绝不合法合规的需求，以及会造成项目严重损失的需求。面向社会的项目，需要综合考虑项目需求是否能贴合并解决社会难题和焦点，为社会带来正面积极的贡献。

通常情况下，既需要收集大众需求，又需要收集个体需求。只有确定了项目需求，项目范围的管理才能有序地进行。项目需求通常包括以下几个方面。

（1）业务需求。整个组织的高层级需要，对产品、服务或是最高层次的目标要求，如实施项目的根本原因等。

（2）相关方需求。项目用户、项目发起人和项目相关干系人群体的需求，例如项目赞助人的广告植入需求等。

（3）功能需求。产品开发人员必须实现的各项功能，使用户能完成他们的任务，从而满足业务需求，如产品应该执行的数据和流程、界面应该传达的信息等。

（4）非功能需求。依一些条件判断系统运作情形或其特性，而不是针对系统特定行为的需求，包括安全性、可靠性、互操作性、健壮性、易使用性、可维护性、可移植性、可重用性、可扩充性。

（5）过渡需求。从当前到将来所需的临时能力，如数据转换、培训等。

（6）项目需求。为实现项目所需要的行动、过程和一些其他条件，如里程碑日期、合同、制约因素和假设条件等。

（7）质量需求。用于确认项目可交付成果的完成度或是否达到需要满足的条件和标准等，如测试、质量认证等。

该阶段需要输出需求文件来描述、记录各种单一需求将如何满足与项目相关的业务需求。这些业务需求可能最开始只有最高层级的需求，然后随着信息的增加而逐步细化。另外应该制作需求跟踪矩阵，将产品需求的来源和能满足需求的可交付成果进行连接记录。表 4-1 展示了需求跟踪矩阵的记录方式。

表 4-1   需求跟踪矩阵的记录方式

需求跟踪矩阵					
项目名称					
项目描述					
需求序号	需求名称	需求描述	需求目标	需求源	状态
001	功能增加	增加按钮跳转原始界面功能	实现分页面跳转	客户需求	实现

4.2.3 范围定义

范围定义是制定项目和产品详细描述的过程。该过程在项目实施过程中，需要反复开展，在迭代的项目生命周期中，从一个高层级的目标，一次一次地迭代出更为明确的详细范围。合理的范围定义对项目成功非常重要，因为项目定义有助于提高时间、成本及资源估计的精确度，定义绩效测量及项目控制的基线，帮助理清和明确工作职责，描述产品、服务或成果的边界和验收标准。

　　该阶段的重要输出文件为项目范围说明书。它具体描述了项目要完成的工作，还是确保顾客满意及预防范围蔓延的一个重要工具。尽管数字媒体项目内容各异，但是项目范围说明书至少应该包括：产品范围描述、产品可接受标准、所有可交付成果的详细信息。同时，它还有助于将其他与项目范围相关的信息文档化，如项目界限、项目的限制条件和假设条件等。项目范围说明书也应参考一些支持性文件，如产品的具体说明，它会影响到生产或购买什么样的产品；以及经营政策，它可能影响到如何提供产品或服务。许多数字媒体项目也需要平台的功能和设计说明，这些都应该在范围说明书中详细阐述。

　　随着与项目范围相关的信息以及决定的增加，如要购买的具体产品或已批准的变更的加入，项目团队应当不断更新项目范围说明书，可以把项目范围说明书的不同版本命名为版本 1、版本 2 等。其他项目文件可能也需要变更。例如，如果从以前从未合作过的供应商那里购买项目所需的产品，那么范围管理计划应该包含与新供应商合作的信息。表 4-2 展示了不断细化项目范围说明书的过程。

表 4-2　细化项目范围说明书

项目范围说明书（版本 1）： 内容制作：动漫、游戏频道中的游戏内容，采用购买引进成熟产品，汉化、开发由日本引进的一款棋牌对战网络游戏。这个计划已经报批 CIO（首席信息官），报批文件附件详细说明了规划方案，包括成本预算
项目范围说明书（版本 2）： 内容制作：由于目前网络游戏带给青少年的负面影响问题，国家相关部门准备加强对网络游戏的监管，限制其发行和推广，为此，我们必须对原来所有动漫、游戏频道中的游戏部分的策划案进行修改。经过与腾龙公司沟通，同时项目组的主要负责人开会研究，决定动漫、游戏频道中暂时不播出与网络游戏相关的节目，前期以播放动画片或动画相关的节目为主

　　在细化项目范围说明书的过程中，项目组成员应注意用词精准，避免合作双方产生理解上的歧义，同时应该避免出现违规和禁用词汇。应保证项目的积极正面性，避免给项目组成员带来不必要的纠纷。同时，项目组成员应该保持较好的价值观，主动规避不合乎道德、价值的项目范围。

4.2.4 创建工作分解结构

创建工作分解结构，以项目的可交付成果为中心，将项目工作分解成较小的、更易于管理的任务的过程，以便定义出项目的整体范围。该过程主要为所有交付的内容提供架构。WBS 的结果文件在项目管理中属于功能性的文件，因为它为计划并管理项目的时间进度、成本、资源及变更提供了基础。WBS 定义了项目的全部范围，由此一些项目管理专家认为，不包括在 WBS 中的工作就不应该去做。所以，创建一个良好的 WBS 是至关重要的。

数字媒体项目涉及很多人，以及很多不同的可交付成果，所以根据工作开展的方式，组织好工作并将其合理地进行分解是非常重要的。图 4-4 展示了创建 WBS 的数据流向图。

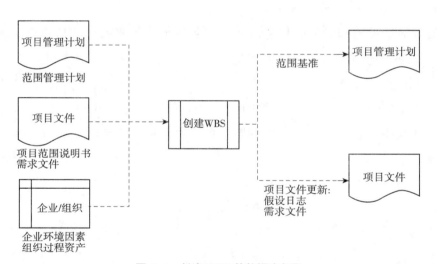

图 4-4   创建 WBS 的数据流向图

图 4-5 显示了某工作分解结构的一部分，其中某分支已经向下分解到工作包（work package）层次。

工作分解结构的输出内容为范围基准。范围基准是经过批准的项目范围说明书、WBS 和相应的 WBS 词典（WBS dictionary），只有通过正式的变更控制程序才能对其进行变更。范围基准是项目管理计划的组成部分，包括以下一些重要文件。

（1）项目范围说明书。参考定义项目范围部分。

（2）WBS 图。WBS 是项目团队为实现项目目标，将可交付成果进行逐层级的分解。

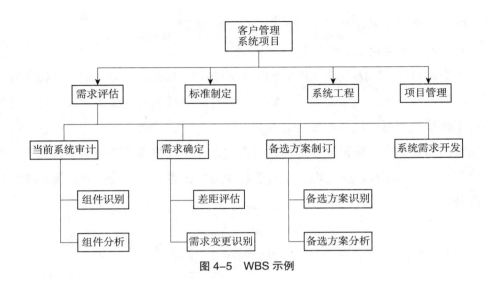

图 4-5　WBS 示例

（3）工作包。WBS 最底层的所有任务。每一个工作包都带有一定的编号，这些编号为进行成本、进度和资源信息的逐层汇总提供了层级结构。工作包也代表了项目经理用来监控项目的工作层级。通常也可以把工作包理解为问责制和汇报的实施单元。

（4）WBS 词典。用来定义和描述每一个 WBS 元素中将要执行的工作的文档。它提供的信息不必很长，但应该充分地描述可交付成果、活动和进度信息。WBS 词典为 WBS 提供支持，其中大部分信息由其他过程创建，然后再同步到词典中。图 4-6 为 WBS 词典参考格式。

WBS词典表格
项目名称：网络流媒体内容服务　　日期：2022年03月08日
WBS号码：1.2.1
父级WBS号码：1.2
责任人/组织：李工
工作描述：1. 用户界面设计 2. 用户需求评审 3. 需求修改、修改用户界面 4. 需求规格说明书 5. 编写需求获取方法 6. 编写需求跟踪矩阵
制定人：比尼　　　批准人：尼克　　　日期：2022年03月08 日
职务：项目经理　　　职务：CEO

图 4-6　WBS 词典参考格式

创建 WBS 的方法多种多样，常用的方法包括以下几种。

1. 自上而下法和自下而上法

大多数项目经理认为，自上而下构建 WBS 的方法是较为常用的。在使用自上而下法时，要从项目最大的条目开始，并将它们分解为低层次的条目。这一过程要将工作精练为更加具体的层级。例如，图 4-7 展示了网络流媒体内容服务内联网项目的部分工作是如何被分解到层级四的。在此过程完成之后，所有的资源将被分配到工作包层级。自上而下法对于有深刻的技术洞察力及视野广阔的项目经理是最适用的。

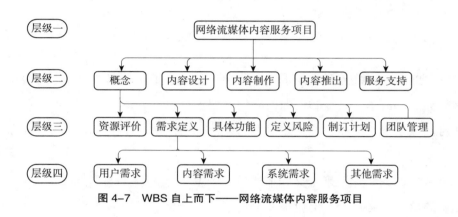

图 4-7　WBS 自上而下——网络流媒体内容服务项目

在自下而上法中，项目团队成员首先尽可能多地辨清与项目有关的具体任务，然后聚集这些具体任务并将其汇总成总体性的活动或 WBS 中更高层级的活动。例如，如果一个小组负责宴会项目的 WBS，那他们不是先寻找制作 WBS 的指南依据，也不是先查阅类似项目的 WBS，而是一开始就列举他们认为完成此宴会需要执行的具体任务。在列举出具体任务后，他们会将任务归类，然后将这些类别再组成更高层级的类别，如图 4-8 所示。

2. 使用指南法

如果有制作 WBS 的指南，那么遵循这一指南非常重要。鉴于数字媒体项目的创新性和复杂性，为了更有效地为特定的项目开发 WBS，数字媒体项目的项目经理及其团队应重视自己项目的适当信息。例如，"导入案例"中，在制作 WBS、召开团队会议之前及其期间，项目经理及团队成员应该仔细考虑公司的 WBS 创建指南、模板及其数字媒体项目的相关特征信息。

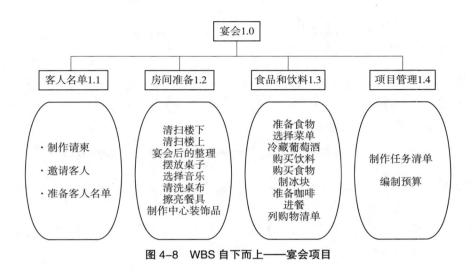

图 4-8　WBS 自下而上——宴会项目

3.WBS 模板法

WBS 模板法又称类比法，就是以一个类似项目的 WBS 为基础，为该项目制定工作分解结构。例如，某程序开发服务公司，曾开发设计多种类型的 App、程序等终端平台。当它有新的开发业务时，就能以过往开发类似类型程序为基础，开始新项目 WBS 的编制。

工作分解结构的思路和步骤应根据不同的项目而选择最优的方案。WBS 的宗旨是将最高层级组件进行逐层分解，直到最底层为可核实的产品、服务或成果。通过确认 WBS 较低层组件是完成上层相应可交付成果的必要且充分的工作，来核实分解的正确性。不同的可交付成果可以分解到不同的层次。某些可交付成果只需分解到下一层，有一些则需分解更多层才能到达工作包的层次。工作分解得越细致，对工作的规划、管理和控制就越有力。同时也应注意，过度的分解则会造成资源的无效耗费、管理效率低下、工作实施效率低下，同时 WBS 各层级的数据汇总也会变得困难。

根据不同的产品或服务，可以选择不一样的分解思路。常见的 WBS 的分解思路有以下几个。

（1）按产品的物理结构分解。

（2）按产品或项目的功能分解。

（3）按项目实施过程分解。

（4）按项目地域分布分解。

（5）按项目的各个目标分解。

（6）按项目实施部分分解。

（7）按项目实施智能分解。

具体来说，开发一个数字媒体项目的 WBS 需要遵循以下步骤。

（1）识别和分析项目目标。

（2）通过明确的识别项目的主要输出是产品、服务或是结果来确定项目的类型，以及分解的思路。

（3）自上而下逐层细化分解。

（4）审查每一级工作元素，以保证确认了全部的工作；加上必要的元素。核实是否加上了必要的集成元素，以及项目管理元素。

（5）与项目干系人一起审查 WBS，核实可交付成果分解的程度是否恰当，并进行必要的调整，以确保覆盖了项目的所有工作。

创建工作分解结构时，应确保包含了全部的产品和项目工作，包括项目管理工作。通过把 WBS 底层的所有工作逐层向上汇总，来确保既没有遗漏的工作，也没有无效的多余工作。这是分解过程中应该遵循的 100% 原则。

同时，WBS 分解过程中，若有未来远期才能完成的可交付成果或者组件，当前可能无法分解，项目管理团队往往需要等待相关干系人对可交付成果达成一致意见，才能够制定出 WBS 中的更多相应细节。这种技术属于滚动式规划。

在 WBS 分解完成后，还有一些基本原则可以作为项目团队人员自我审查的参考。

（1）主体目标逐步细化分解，最底层的日常活动可以直接分派到个人去完成。

（2）每个任务原则上要求分解到不能再细分为止。

（3）日常活动要对应到人、时间和资金投入。

（4）在根据项目范围说明书进行项目工作内容控制时，WBS 必须是一个能灵活变通的工具，以应对一些不可避免的变更。

（5）分解后的活动结构清晰，从树根到树叶，一目了然，尽量避免盘根错节。

（6）逻辑上形成一个大的活动，集成了所有的关键因素，包含临时的里程碑和监控点，所有活动全部定义清楚，要细化到人、时间和资金投入。

（7）WBS 中某项任务的内容是其下所有 WBS 项的总和。

（8）一个 WBS 项只能由一个人负责。

（9）WBS 必须与实际工作中的执行方式一致，某项任务应该在 WBS 中的一个地方且只应该在 WBS 中的一个地方出现。

4.2.5　范围核实

范围核实是正式验收已完成项目的可交付成果的过程。其目的是使验收过程具有客观性，同时确保最终产品、服务或成果获得验收。数字媒体项目团队一开始就知道，范围非常不明确，并且他们必须与项目客户密切合作，共同设计并产出各种可交付成果。在这种情况下，项目团队必须为满足特殊项目需求的范围验证建立一个流程，设立详细的步骤确保客户得其所需，并且有足够的时间和资金来产出所需的产品与服务。

对于数字媒体项目而言，项目目标与范围一开始就必须界定清楚。范围可能会随着工作而发生变化，但是一定要随时和目标保持一致，关注可交付成果的验收。图 4-9 为范围核实过程的数据流向图。

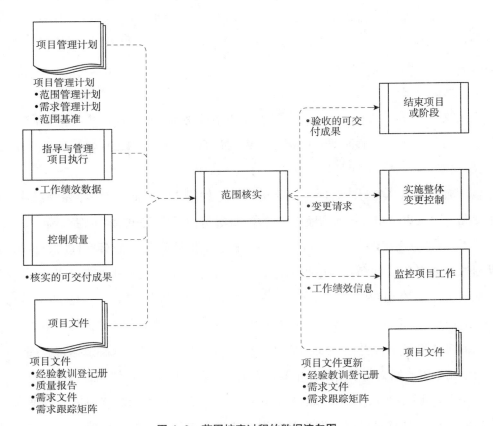

图 4-9　范围核实过程的数据流向图

4.2.6　范围控制

1. 概念及目的

范围控制是监督项目和产品的范围状态，管理范围基准变更的过程。因为用户通常不明确他们想要的系统界面看起来是什么样子的，实际上需要什么功能来改善经营业绩；开发商不能明确是否准确理解了用户的需求，同时还需要面对不断变化的技术及市场环境，所以需要对不断变更的范围进行控制。

范围控制的目的是对那些引起范围变化的因素施加影响，确保变更有序进行。如果没有做好范围定义和验证工作，就不可能做好范围控制工作。

当今数字媒体项目正处于一种激烈的竞争环境中，快速演变升级的基本技术、持续竞争和新的工具改变了以前项目运行所必须遵循的逻辑顺序，数字媒体项目不能只是一个按部就班的软件生产过程，必须以快速应变和充满创造力的开发过程来应对市场压力。

一旦一个数字媒体项目开始进行，就必须使用范围变更管理。因为客户会不断要求一些超出原来范围的工作，或者和原来范围不同的工作。如果不善于利用范围控制，就会因为要完成比原先工作多上好几倍的预算和工作量而疲于奔命，这也是项目失败的主要原因。

2. 范围控制的建议

对数字媒体项目来说，必然会发生某些需求变更，但不能出现太多的需求变更，特别是在项目生命周期末期实施变更更为困难。以下为进行范围变更控制的建议。

（1）数字媒体项目中，时常由于缺少用户的投入，从而导致范围蔓延及控制的变更，因此提高用户投入很有必要，可以从以下角度入手提高用户投入。

①为数字媒体项目设立良好的选择过程。确保所有项目都有来自用户组织的发起人。确保项目信息，包括项目章程、项目管理计划、项目范围说明书、WBS及WBS词典，在组织中很容易获得。获得基本的项目信息可以帮助避免重复劳动，并保证最重要的项目正是人们在做的项目。

②项目团队中有用户参与，如一些来自产品部门，一些来自主要的经营部门。将用户全职分配给大的数字媒体项目，兼职配置给小的数字媒体项目。

③举行定期会议。常规性会议是必要的，但是很多数字媒体项目失败是因为项目团队成员没有与用户定期进行沟通，在没有得到直接的反馈信息时，项目团

队自认为知晓了用户所需。为促进这种相互沟通，用户应该在会议提交的关键可交付成果上签字。

④定期向项目的用户和项目发起人交付一些成果。

（2）设立并遵循一个需求管理过程，包括确定初步需求的程序。

（3）利用某些技术工具，如原型制作、模型创建法及合作应用技术程序设计来全面了解用户需求。

（4）记录所有用户的需求信息，随时更新，并且随时可获得。可以运用一些工具来帮助记录，如用"需求管理工具"来帮助获取并保存需求信息，及时存取信息，并帮助建立需求与其他工具构建的信息之间的必要关系。

（5）为文档化及控制需求构建需求管理数据库。

（6）进行全生命周期的测试，以验证项目产品能否满足需求。

（7）从系统角度使用过程方法来审视所要求的需求变更。例如，要确保项目范围变更中有相应的成本及时间进度的变更；要获得适当的项目干系人的同意。对项目经理而言，至关重要的是要领导团队致力完成认可的范围目标，并且不能把重点转到额外的工作上。

（8）为处理变更需求专门分配资源。数字媒体项目小组必须有良好的心态去适应来自外界和内部的变化，能积极地应对出现的问题，因为变化正是数字媒体的希望所在，正如阿里巴巴创始人马云所说"必须拥抱变化"。故而，我们需要在项目团队中有专门的资源来应对变更。

🔍 本章小结

数字媒体项目范围管理包括确保项目做且只做界定的工作，以完成项目的全过程。这些过程主要有：范围规划、需求收集、范围定义、创建工作分解结构、范围核实及范围控制。

项目范围管理不得力是项目失败的一个关键原因。对于数字媒体项目而言，要实现有效的项目范围管理，重要的是有用户强有力的参与、清晰的范围需求说明书及建立范围变更管理的流程。同时，在数字媒体和"互联网＋"的环境下，项目经理和项目团队应该保持良好的心态，及时吸取市场更新的技术、与用户保持高黏度的互动、与竞争对手保持良性的竞争和融合关系，并随时关注更新的政策及行业动态。

同时，有许多可行的软件产品用来支持项目的范围管理。WBS 是综合利用项目管理软件的一个关键概念。

思考题

1. 数字媒体项目的范围在界定上有哪些困难？

2. 项目团队可以通过哪些方式调研项目需求，并衡量需求是否合理？

3. 在数字媒体项目中，范围界定可以从哪些方面入手？

4. 范围界定失败对项目的影响是什么？

5. 列举一个数字媒体类项目，阐述项目范围界定的基本思路。

即测即练

第 5 章　数字媒体项目的时间管理

学习目标

1. 了解有关项目时间管理的内容。

2. 熟悉项目时间管理的基本工作。

3. 掌握项目工期计划程序与方法以及项目工期的控制管理技术和方法。

能力目标

1. 掌握数字媒体项目时间管理具体内容。

2. 具备对数字媒体项目进行时间规划的能力。

3. 具备使用相关技术与方法对工期进行控制管理的能力。

思政目标

1. 通过对项目时间管理的学习，加强对时间观念的认知，合理规划学习生活时间。

2. 在财力资源评估中，需要加强内部监督和廉政教育、法制教育，健全完善相关财务制度。

3. 资源评估人员应当树立正确的世界观、人生观、价值观，要清楚自己的责任、踏踏实实履职，自觉加强自身的职业道德建设，自觉遵守纪律。

🔍 导入案例

　　某影视基地承接了 A 公司新产品的 3D（三维）裸眼数字展示宣传项目，李经理为该项目的项目经理，全面负责管理这个项目，这是他第一次管理大型项目。

　　A 公司的夏经理作为甲方项目经理负责实施配合。由于新产品上市时间较紧迫，项目从影视基地各公司抽调了多名技术骨干，组成各环节的项目小组，李经理负责 A 公司与项目组之间的沟通，从总体上管理项目。

　　项目在 10 月初启动，李经理按原有制作经验制订了项目计划，初期较为顺利，但后来却发生了一系列问题，当项目组完成模型制作和初剪等流程后，已经进入 12 月，项目进度已经远远落后于李经理当初的计划，李经理要求各组对现完成工作进行渲染输出。原计划该项目应在 12 月底完成，拟 1 月下旬正式发布。

　　在进行渲染输出过程中，小组成员就最终效果产生异议，项目的进展进入混乱状态，项目小组内也有不同的声音，有抱怨渲染的设备太陈旧，特效渲染需要时间过长；有抱怨部分组员配合不默契，制作进度过慢，拖累组内项目进度。根据实际情况，李经理在 A 公司同意的情况下，将后期工作完成时间重新设在 2 月初。为了完成这个目标，李经理要求各项目小组从 1 月中旬开始，每周六、周日和晚上必须加班。元旦期间，项目小组中的一些成员并没有来加班，甚至项目组成员开始有人"跳槽"离去……

　　李经理受到影视基地的批评，他认为，即使他能准确估算出每个任务所需的时间，也无法确定项目的总工期，以项目现在的状态，到 1 月下旬根本完不成。2 月底也没有把握，具体什么时间能完成，李经理感觉遥遥无期。

　　思考：

　　1. 李经理在项目管理过程中遇到了哪些问题？

　　2. 在一个项目中如何管控时间才能得到较好的成果？

5.1　项目时间管理的概念及重要性

5.1.1　项目时间管理的概念

　　项目时间管理（project time management），简单的定义就是，确保项目按时完成所需的过程。然而，要想按时完成项目绝不是一件容易的事情。回归到项目管理本身去理解，管理体现出的是任务完成的过程、管理者所进行的干预手段。在最典型的术语理解下，数字媒体项目的管理在此基础上应对着复杂的行业竞争与紧迫的任务目标。数字媒体伴随着新科技的发展，不仅改变着人类获取信息的习惯和方式，甚至影响着整个管理过程的规划。只有更加清醒地认识到项目管理的时间管理理念，才能更加清晰地描绘出项目发展的走向。其目标是保证项目在满足其时间约束条件的前提下实现总体目标。

具体来说，项目时间管理是根据数字媒体项目的进度目标，编制经济合理的时间进度计划，并据以检查工程项目进度计划的执行情况。如果发现实际执行情况与时间进度计划不一致，就要及时分析原因，并采取必要的措施对原数字媒体项目时间进度计划进行调整或修正。它的目的就是实现最优工期，多快好省地完成任务。

5.1.2　项目时间管理的过程及重要性

项目时间管理是为了确保数字媒体项目按时完工的一系列管理过程和活动，通常包含以下过程。

（1）活动定义。界定和确认项目活动的具体内容，也就是分析确定为达到特定的项目目标所必须进行的各种作业活动。

（2）活动排序。对项目活动内容进行排序，即分析确定工作之间的相互关联关系，并形成项目活动排序文件。

（3）工期资源估算。对工期进行估算，即对项目各项活动所涉及的时间资源进行估算，并由此估算出整个项目需要的工期。

（4）绘制关键路径图。通过对工作顺序、活动工期和所需资源的分析得出项目进度计划，根据计划绘制关键路径图。

（5）进度安排及控制。对项目的变更进行控制和修订从而对项目进度实施管理与控制。

项目时间管理之所以重要，是因为在现有的数字媒体竞争环境中，时间就是金钱，效率就是生命，一个数字媒体项目能否在预定的工期内完成，这是项目干系人最关心的问题之一，也是项目管理工作的重要内容。

5.1.3　数字媒体项目进度的现状分析

"数字电视＋机顶盒"形成的智能化家居、社交媒体、直播电商、5G、4K/8K超高清内容等代表着中国数字媒体新技术的发展。社会化媒体在全球信息化浪潮的发展使得数字媒体交互性 3.0 时代到来。在智能互联的时代背景下，以互联网为基础的多屏分块操作占据主导地位，不仅激活了数字媒体的底盘，而且给创业者提供了大展拳脚的平台。之前的数字媒体市场还是一片"蓝海"，众多创业者摩拳擦掌在搜索、视频、游戏等领域奋勇向前。在数字媒体产业市场早已是"红海"的当下，数字媒体项目时间管理的概念再次被提到重要的位置。如果数字媒体项目没有及时推向市场，则时不我与；如果数字媒体项目没有准确把握用户喜好，则毫无亮点；如果数字媒体项目没有高效技术创新，则后力不足，而这些结果的实现，依赖于潜在的时间管理理念。随着数字媒体的发展，时间管理也成为构建科学的企业战略规划的关键。

在数字媒体宏观业务的管理过程中对于时间计划的控制，能够更好地对变化的市场做出反应。这种反应体现在对于顾客需求的捕捉，而这也就为数字媒体产品抢占了商机。微观业务管理中的时间管理，体现在既定目标下有效率地完成现有工作。如果管理工作的流程没有进行有效的推进；如果随意加速进程或延长进度，则会使整个管理流程存在时间违规的危险，或者是投资成本的增加。时间管理主要研究执行的时间计划，估计不同的活动执行时间，避免项目过程出现违反时间约束的情况以及时间计划执行中的异常处理，以提高过程管理的效率。

数字媒体项目时间管理的内容有别于其他项目的最重要一点是：绝非以项目交验完成作为项目的结束，而是有专门的开发部门针对市场反馈做出及时修复。这就要求数字媒体项目管理者既有对这个行业的感性体悟，又有对这个行业的理性认知。正如乔布斯的早期投资人——李宗南在以"融媒体·新技术·新资本·微世界"为主题的亚太新媒体高峰论坛上发表题为《三创合一：创新 + 创业 + 创投 + 创造价值》的演讲，提出由创新、创业和创投组成的"三创合一"理念，创新就是把熟悉的东西从不同的角度思考，但创新必须付诸行动，这就是创业。有了创新的想法并具有可行性、综合决心、信心和恒心且积极行动就可成功。但要实现价值，特别是无形价值，则需创业投资。时间管理的能力是成为管理者必备的素质。制定实施时间管理的理念首先强化的是一种探索性意识。这种探索性体现在既对投入节奏保持克制，也在盈利模式探索中保持审慎。

通过对当下媒体行业的全媒体战略分析可以看到，大多数数字媒体平台的开拓，都离不开自身内容资源的优势，多数通过已有的传统媒体形式来进行局部改革。而且由于整个数字媒体竞争的转型还没有呈现体系化的结构，所以数字媒体项目时间管理放置全球市场是指怎样圈定两条时间段并行发展的路线图、与自身项目相关的已有媒体形态发展状态图，以及自身媒体项目的发展状态图。

数字媒体项目管理的首要任务是制订一个构思良好的项目计划，以确定项目的范围、进度和费用。在给定的时间完成项目是数字媒体项目的重要约束性目标，能否按进度交付是衡量项目是否成功的重要标志。图 5-1 用维恩图来表示数字媒体项目管理的目标关系。

因此，进度控制是数字媒体项目控制的首要内容。由于数字媒体项目管理是一个带有创造性的过程，数字媒体项目不确定性很大，项目的进度控制是数字媒体项目管理中的关键环节。尽管如此，数字媒体时间管理强调：①拥有清晰的项目管理目标。②积极审慎的管理态度。③对这个行业日新月异变化的观察。只有先做到此三点才能使得项目执行高效、有序地进行。当下，时间

图 5-1　数字媒体项目管理的目标关系

管理多用于软件开发、数据库管理、通信工程项目等方面，但是这些学科一般研究的时间管理功能局限于过程仿真（确认流程的瓶颈、分析执行持续时间等）、指定活动的截止期限以及当违反期限时间时触发的异常处理。而在数字媒体项目中引入时间管理的概念具有太多不可控的因素，甚至很难进行过程仿真。时间管理的处理方式如何有效地应用于子项目集的任务处理成为本章学习的重点。

5.2　正确定义数字媒体项目的活动排序

5.2.1　什么是项目活动定义

项目活动定义是为实现项目目标开展对已确认项目工作的进一步定义，从而识别和定义项目所必需的各种活动的一种项目时间管理工作。通过对项目进行工作流程分解可以获得完成项目需要执行的具体活动，但是对这些活动需要排出先后顺序，因为项目本身是有时限要求的。而对于数字媒体项目的管理来说，就各项活动的先后顺序进行明确合理安排，先要对各项活动的任务关联性和依赖性进行一个总体的梳理。通常我们需要先理解以下术语。

活动（activity）：项目所需的一个或一系列特定的任务，需要耗费资源以及占用时间来完成。

事件（event）：表示一个活动的开始时间或结束时间；也可理解为完成一个或多个活动的结果，发生在特定时间的一种可识别的结束状态，事件本身不使用资源。

网络（network）：所有活动和事件按照其逻辑顺序排布，用线条和节点表示出来，定义了项目和活动的前导关系。

路径（path）：任何两个事件间的一系列相关活动。

关键性（critical）：指特定的活动、事件或路径，如果它们有所延误，就会推迟整个项目的完成进度。一个项目的关键路径可以被看作连接项目的开始事件和终止事件的关键活动（和关键事件）的顺序排列。

例如，iPad 应用 "iNotes" 的开发者 Anxonli 介绍自己开发 iNotes 的全过程，包括开发周期规划、各阶段注意事项。一个 iPad 或 iPhone App 的开发项目经过工作分解结构后分解为以下任务。

（1）App 的创意形成。

（2）App 的主要功能设计。

（3）App 的大概界面构思和设计（使用流程设计）。

（4）大功能模块代码编写。

（5）大概的界面模块代码编写。

（6）把大概的界面和功能连接后，App 的大致演示版就出来了。

（7）演示版自己试用和体验几遍后，根据情况修改。

（8）App 的 0.8 左右版本完成后可以加入 "production" 的图标和部分 UI（用户界面）图片。

（9）没有大错误后，0.9 版本可以尝试寻找测试用户。

（10）根据测试用户的反馈，重复（7）~（9）的步骤。

（11）App 完成后，加入 App icon（应用程序图标）、iTunesArtwork 等 UI 元素。反复测试无错误后上传 iTunes。

该 App 开发的工作前导图如图 5-2 所示。

对整个开发项目进行排序后得到图 5-2，会让整个任务过程看起来比较直观和清晰。分析以上的第（3）步，界面设计上，可以编写功能模块和设计模块同步进行。第（4）步和第（5）步的开发过程，需要花费 10 天的时间来完成。后来，他在 Twitter 招募了 5 ~ 6 个测试用户。最后，App 提交 iTunes 以后，

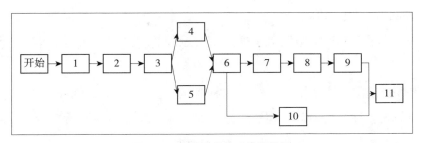

图 5-2　App 开发的工作前导图

要花 7 ～ 14 天时间等候审批。这个时期买域名、架网站、设计网站、配置邮件服务器、反复修改 App description（应用程序描述），还有 Twitter 推广等。由此可见，时间管理中排序步骤直接决定了项目进展的情况。数字媒体项目管理中的时间排序有着相对固定的部门分工步骤。因此，了解各项目之间的依赖关系成为保质、保量的关键。

从这个 App 开发的时间序列中可看出，应区分时间约束中的相对时间约束描述和绝对时间约束描述。前者基于某一参考点，而后者用固定时间点来表示。相对时间约束的设定中包括活动的最小、最大执行时间及两个活动之间流程的最小、最大时间，还包括活动的延迟时间，如最大执行时间 2 小时，或者延迟 30 分钟等。绝对时间约束通常指流程执行时的动态运行时间，也包括活动的实际执行时间及两个活动之间流程流转的实际消耗时间，如 App 的调试在某日 10：00 开始，于次日 10：00 结束。

根据时间约束的产生条件，工作流时间约束分为隐式时间约束和显式时间约束。隐式时间约束有工作流控制结构与活动的延迟产生，如一个活动必须在其前序活动执行完毕之后才能启动。隐式时间约束包括活动延迟与截止期限约束。显式时间约束是由组织法规、行规而衍生，常由建模者指定，如事件之间的时序关系、事件与某个日期集绑定等。无论隐式时间约束或显式时间约束，在工作流执行时都要转化成工作流活动或过程的时间属性。从这个角度看，时间约束分为六类。

（1）基本时间约束（延迟约束）。限制流程模型中某一活动的期望延迟时间，具有强制性。它可用相对时间值精确表示，也可用一个绝对时间值表示它的最大 /最小期望延迟。

（2）流程延迟和时差。在地理分布的流程中，流程延迟包括活动执行延迟和活动执行时的信息流延迟。

（3）有限延迟约束。限制流程模型所表示的流程延迟，适用于流程的所有实例类。

（4）截止期限（或期限时间）。限制流程实例执行中活动的开始或结束时间，即活动的最大容许执行时间。在流程建模时，相对于流程的开始来指定；在流程实例化时，将所有的相对期限约束转化为绝对时间点。

（5）时间距离约束（或相互依赖时间约束）。限制同一流程模型中两个活动之间的时间距离，用相对时间值表示，即源事件开始或结束和目的事件开始或结束之间的时间间隔，有上/下界两种约束。

（6）固定日期约束。限制活动只能在指定的日期执行，该日期为一绝对时间值。

在这些分类中，一般的工作流管理系统满足基本时间约束和截止期限。

5.2.2　项目活动定义的依据和方法

项目活动定义是确认和描述项目的特定活动，在进行项目活动定义时，需要有一定的依据，其中包括企业环境因素、组织过程资产、项目范围说明书、工作分解结构等，具体内容如下。

（1）企业环境因素是活动定义的依据，可以考虑的企业环境因素包括是否有可利用的项目管理信息系统与进度安排工具软件。

（2）在进行项目活动定义过程中，要充分利用组织过程资产，组织过程资产包括同活动规划有关的正式与非正式方针、程序与原则，需要在活动中给予考虑。

（3）在定义项目活动时显然要考虑项目范围说明书中记载的项目可交付成果、制约因素与假设。制约因素是限制项目管理团队选择的因素，如反映高层管理人员或合同要求的强制性完成日期；假设是在项目进度规划时视为真的因素，如每周的工作时间或一年当中可用于施工的时间。

（4）工作分解结构是进行项目活动定义的基本依据。WBS通过子单元来表达主单元，每一工作的编码都是唯一的，因此十分明确，且任何工作项目都可以通过计算其下层工作的成本、进度得到该工作的成本和进度。

当然，项目活动定义不能只是了解其依据，还需要掌握正确的方法。

（1）分解技术。分解技术是为了项目更容易管理，以项目工作分解结构为基础，按照一定的层次结构把项目工作逐步分解为更小、更容易操作的工作单元的技术。直到可交付物细分到足以用来支持未来的项目活动计划编制、执行、控制及收尾等。这种方法有助于找出工作分解结构规定的可交付成果所需完成的所有活动，并且可以对这些活动进行更有效的管理。

（2）模板法。模板法指将已经完成的项目工作分解结构予以抽象，形成类似的项目活动清单或部分活动清单，作为某一类新项目活动定义的模板。虽然每个项目都是独一无二的，但仍有许多项目彼此之间都存在着某种程度的相似之处。根据新项目的实际情况，在模板上调整项目活动，从而定义出新项目的所有活动。在定义项目活动时，模板法是一种简洁、高效的活动分解技术。

（3）滚动式规划。滚动式规划是一种渐进明细的规划方式，即对近期要完成的工作进行详细规划，而对远期工作则暂时只在 WBS 的较高层次上进行粗略规划。因此，在项目生命周期的不同阶段，工作分解的详细程度会有所不同。例如，在信息尚不够明确的早期战略规划阶段，工作包也许只能分解到里程碑的水平；随着更多信息被了解，近期即将实施的工作包可以分解成具体的活动。

（4）利用专家判断。由擅长制定详细项目范围说明书、工作分解结构和项目进度表并由富有经验的项目团队成员或专家提供活动定义方面的专业知识。

5.2.3　数字媒体项目管理中的依赖关系

有了活动清单和属性，就需要通过活动排序弄清楚活动之间的逻辑关系。例如，哪些活动需要一项接一项做，哪些活动可以同时做。在确定活动的先后顺序时，我们需要了解下面两种依赖关系。

（1）强制性依赖关系。这种关系也就是活动间固有的依赖关系，通常包括实际的限制，如在软件开发过程中，在完成系统构架之前不可能进行测试。强制性依赖关系也称为硬逻辑关系。

（2）可自由决定的依赖关系。这种关系是指由项目团队确定的那些依赖关系。由于这些关系可能限制项目进度编制中的方案选择，所以使用要慎重。对可自由决定的依赖关系的确定通常基于以下知识：某些在专门领域内的"最佳方案"；或者，某些方面非常特殊的一些项目，即使存在其他可接受的排序方式，也希望使用固定的排序方式。可自由决定的依赖关系又称作优选逻辑关系、首选逻辑关系或软逻辑关系。

依赖关系是指项目活动与非项目活动之间的依赖关系。总之，项目管理团队在活动排序过程中应确立活动之间的依赖关系，且项目干系人一起参与讨论并定义项目中的活动依赖关系非常重要。可以将每一个活动名称写在一张纸上来确定依赖关系或排序，也可以直接用项目管理软件来建立关系。只有定义活动顺序，才能更好地制订进度计划。

制定整体的数字媒体项目时间管理顺序其实要先区分各个任务组之间的依赖关系，内部与外部、外部与外部等各种依赖关系中的先后关联性。优先图示法（PDM）、箭线图法（ADM）是数字媒体项目的时间管理中经常使用的方法，以此为基础最终形成项目网络图。

优先图示法是编制项目网络图的一种方法，利用节点代表活动而用节点间箭头表示活动的相关性。相关的前驱关系有以下四种。

（1）结束—开始。某一活动必须结束，然后另一活动才能开始（最常见逻辑关系）。

（2）结束—结束。某一活动结束前，另一活动必须结束。

（3）开始—开始。某一活动必须在另一活动开始前开始。

（4）开始—结束。某一活动结束前另一活动必须开始。

在 PDM 中，如果用开始—开始、结束—结束或开始—结束关系，会产生混乱的结果。因此，最常见的任务安排顺序如图 5-3 所示。

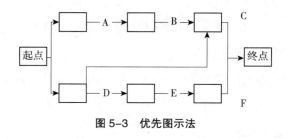

图 5-3　优先图示法

由图 5-3 可知，任务由起点开始，现行活动 A 结束时，才开始活动 B。但是活动 B 结束前，活动 D 必须开始。活动 C 结束时，活动 D、E、F 同时结束。直到任务完成。

箭线图法又叫双代号网络图（AOA），如图 5-4 所示，是一种利用箭线代表活动、节点表示活动顺序的项目网络图，仅表示"结束—开始"这一种逻辑关系，在数字媒体项目管理中，如果需要表示其他逻辑关系式，则用虚线活动来描述。

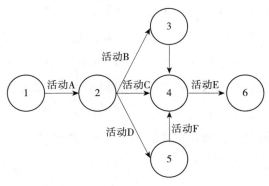

图 5-4　箭线图法

如图 5-4 所示，任务进行的名称在箭线上方，每个项目活动用一条箭线表示，虚拟活动使用虚线来构成箭线表示，项目的具体事件是用圆圈表示。

面对数字媒体瞬息变化的市场环境，设立里程碑是排序工作中很重要的一项。确定关键事件和关键目标时间是数字媒体项目运作过程中重要的环节，事件排序得以顺利完成的基础。在确定好了里程碑事件和时间后，项目各个环节操作顺序也是围绕着里程碑事件来展开。

5.3　数字媒体项目管理中的工期和资源估算

5.3.1　数字媒体项目管理中的工期估算

曾经被默多克称为"令人兴奋不已的杰作"、专为 iPad 打造的内容产品 *The Daily*（iPad 版电子报纸《日报》）停止更新。一个曾经被视为革命性的移动终端创新产品，只拥有不到两年的寿命。

新闻集团与苹果公司合作开发的这款 iPad 付费新闻阅读产品，曾经被期待为苹果公司与新闻集团带来双赢，以一种新的形式复制苹果公司软硬结合、体验取胜的优势，在数字媒体领域延伸新闻集团在电视、娱乐领域的品牌影响并有所拓展。项目期间，默多克投入了 3 000 万美元，而连续两年的亏损，让新闻集团对 *The Daily* 失去了信心，甚至没有耐心让 *The Daily* 活到一般商业计划书常常设定的转入收支平衡或赢利的第三年。

The Daily 的失败归根结底反映出，这种数字媒体产品并不是人们核心需求的移动终端内容产品。对于这种内容型的数字媒体产品，在制定出好的商业策划之

前还应该清楚，此项目相关任务展开的顺序问题。其中提前评估好该产品要影响什么样的人、如何影响人和影响价值如何兑现。这三点成为数字媒体产品能否顺利推出市场的关键。通过分析可以看出，*The Daily* 对现有资源存在评估上的误区，直接导致了产品推出后的失败。比如 iPad 推出后的几年间，对于其的使用方式和使用目的是多样的。其中，获取新闻资讯并不是第一位的。另外，其他品牌相继推出安卓系统的平板电脑，这无疑使得 *The Daily* 的市场空间更加狭窄；*The Daily* 的内容需要付费，这与人们的信息消费习惯并不吻合，免费模式现在依然是移动终端上的主流。

　　The Daily 的失败除了本身市场定位的不准确外，还有一个极为重要的问题，在产品的开发阶段没有对现有资源进行有效评估并制定相应的时间管理体系。这个项目的实施计划、行动都是完备的，但是在产品开发后，对市场的未曾预测到的风险因素，没有做到重新调整或改进。在项目检测推出市场后，没有及时根据用户反馈来做出调整。

　　项目工期估算是列出项目活动所需要的工期，是根据项目范围、资源状况计划而得出的。不同于一般项目管理的工期估算概念，数字媒体项目由于处于高不确定性、高风险的市场环境中，项目范围、资源状况都处于动态变化中。尽管市场环境的变动性是恒定的，但是影响实际项目的因素又有相对稳定性：①发生项目意外的时间段。②能力和团队成员的效率工作时间状况。③人力、物力、财力对于工作的可用性。

　　工期估算是数字媒体项目规划的核心，不仅包括数字媒体项目开始和结束两个时间节点，还包括整个项目的时间。最常见的项目活动工期估算方法有以下几种。

　　1. 类比估算法

　　类比估算法是指以之前类似活动的实际历时为基本依据来估算未来活动的历时，这叫作自上而下的估算，一般用在项目详细、信息有限的情况下。在数字媒体早期的创意策划阶段多用此方法。

　　这种类比估算法是一种专家评定，如果一个数字媒体项目和以前任务在本质上而非表面相似，而且负责项目的人员具备数字媒体技术操作的专业素养，这种情况下使用类比估算法比较具有现实意义。

　　2. 专家评估方法

　　专家评估方法是有经验、有能力的专家技术人员进行分析和评估的方法，是对数字媒体项目的总体时间做出估计和评价的方法，由项目时间管理专家，依照其本身的项目管理经验和专业技术方面的特长来完成。这个方法依靠专业技术人员的经验来进行推理。对于数字媒体项目来说由于现在应用分屏操作特性明显，所以专家建议也存在着一定类别划分。数字媒体项目经验的获得渠道有：①执行组织内的其他部门。②业务相关的咨询公司。③项目干系人，包括客户。④专业团体或者技术协会。⑤行业团体。

3. 模拟估算法

以之前类似的活动作为未来某项活动工期的估算基础来计算评估工期，基于一定的假设和数据使用的模拟方法，以一个项目活动持续时间估计的一个先决条件，这种模拟估算法和蒙特卡洛模拟，如图 5-5 所示。

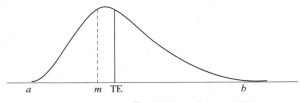

图 5-5　一个活动所有可能活动时间的分布

其具体做法：

$$TE（期望时间）=（a+4m+b）/6$$

式中，a 为乐观的估计；b 为最悲观的估计；m 为最有可能的估计。

假定所有可能的时间都可以用一个统计分布来表示（图 5-5），对该活动来说，"最有可能的估计" m 就是这种分布的众数（mode）。"乐观的估计"和"最悲观的估计"用下面的方式来选择：项目经理或者任何试图估计 a 和 b 的人，会被要求选择 a，就是让活动所需的实际时间是 a，或者大约 99% 的可能性会长于这个时间。类似地，b 也是这样估计的，大约 99% 的可能性活动所需的时间就是 b 或者比之更短一些。

4. 保留时间

因为数字媒体项目人员调配、资金流动等问题，项目工期作为冗余时间以应付项目风险。如果项目推动顺利的话，冗余时间也会根据项目进展而逐步减少。

回到本章导入案例中，李经理在进行前期产品调研和分工时，就应该注意时间约束的基准转化。在这里对于学习者来说就是指能转换的相对时间约束描述都以绝对时间表示，在数字媒体产品初始化管理中多时区的时间需要时差转换。执行项目时负荷量和供应量的不同，以及随着时间推移，项目的工作流流程会做动态的调整，也就可能产生不同的时间计划表。纵使是产生不同的时间表，也必须预先制定最小、最大执行持续时间的区间。执行者可以计算出执行的最小、最大或平均时长。

5.3.2　数字媒体项目管理中的资源估算

在数字媒体项目管理中，资源估算是保障时间计划顺利开展的关键环节。能对数字媒体项目中的人力资源、财力资源、技术资源、社会资源进行合理预测和评估，才能够对数字媒体项目的后续管理进行有效的监督和控制。数字媒体项目管理中对于资源的估算主要指计划活动中所需资源的种类和数量。当估算计划活动存在不确定时，便需要将其项目范围内的工作任务进一步分解，然后再估算下一层工作资源，将估算按照计划活动所需要的每一种资源汇集出总量。

1. 数字媒体项目的人力资源评估

在数字媒体项目的时间管理环节进行资源评估时必须知道最主要的两个影响要素：①架构的复杂度。②投入的人力和时间。这就决定了数字媒体项目相较于其他项目管理在资源配置上的灵活性更大。而到底要进行怎样复杂的架构设计，也取决于人力资源的应用水平能支持的项目开发水平。数字媒体项目从立项到开发完成的时间周期较短，项目规模并不大，以中小型创业团队为主，采用的是逐步推广的以点及面的方法策略。在项目团队的构成方面，以技术开发人员为主，项目干系人员并不多。

数字媒体产品的开发属于知识密集型的项目，需要专业且高效的团队紧密配合。有效进行人力资源的估算是保证数字媒体项目顺利完成、调动项目干系人积极性的关键。项目的人力资源管理主要包括：人力资源计划编制，识别项目中的角色，职责与汇报关系，创建人员配备管理计划；项目团队组建，获取所需的人力资源；项目团队建设，提高个人与团队的技能以改善项目绩效；管理项目团队，跟踪个人和团队的执行情况，提供反馈和协调变更等。在人力资源评估上，数字媒体项目管理中更强调"无边界管理"的概念，此理念由杰克·韦尔奇提出，他认为在企业管理中要打破部门和级别的界限，按照市场的要求，将静态管理变为动态管理。换句话说就是打破原有企业中森严的等级，以及沟通与交流的各种界

限，依靠一种扁平化的组织模式和无边界的沟通方式，走上灵活主动、不拘一格
的发展之路。

2. 数字媒体项目的财力资源评估

数字媒体项目是以数字媒体平台的开发为载体，通常在整个管理过程中考察
的是一次性产品开发任务。在资源评估的过程中，在对目标产品充分考量的基础
上，需要支付的费用量、需要完成的流程量、需要消耗的时间量都围绕产品开发
的质量来展开。尤其是在费用量上所体现出的财力资源的评估，更是项目管理顺
利进行的关键所在。如果财力资源不到位，则会造成整个开发团队工作的滞后。
明确整体活动的总体预算，根据项目活动对财力资源进行合理分配，在资源调配
过程中注重资金的有机控制，实现成本控制与监控进程中的合理配置。不因过度
追求项目完成质量而投入太高的成本，不因只是为了控制成本而忽略了数字媒体
项目中的技术研发和客户体验。如果想合理控制成本必须充分考量关键路径的资
源消耗情况，只有围绕关键路径才能够更好地为项目管理者所把控。

伴随着项目活动的展开，财力资源评估需要遵守成本最低化原则。在项目的
开发过程中注重降低成本的可能性和合理性。在这样的原则的指导下，会使得在
时间管理过程的估算测算和计划安排过程挖掘出各种降低成本的能力。只有对实
际财力资源进行充分的评估，才能促使管理人员在主观上控制成本。

在财力资源评估中，由于数字媒体项目管理的特殊性，成本资源强调在时间
计划的实施过程注意动态控制，在资源评估阶段根据数字媒体产品开发的各个阶
段的特点做好成本的控制工作。随着数字媒体项目的开展，即使发生了偏差，也
能够依照前期的资源评估结果进行有效纠正。准确的财力资源评估强化的是目标
的概念。正如前面介绍的 App 开发的案例，根据目标实施的不同其所需财力资源
的量也会有所不同。

只是为了实现想要的功能，不需要考虑界面华丽程度和交互效果，一个计算
机科学与技术班大学生或研究生即可完成。开发的成本在几千元到 2 万元。

如果考虑 App 应用于 iOS（苹果公司开发的移动操作系统）系统，那么由于本
身用户人群具备一定的消费能力，对设计和交互的要求更高。成本一般在 2 万 ~
6 万元。

如果考虑移动终端分为 Android、iOS、Windows Phone，针对这三个系统开发
App 应用，结合上文所提到的人力资源评估，很难一个人完成这个目标任务。除

非和系统层没太大联系使用 PhoneGap 等中间件即可完成。投入的资金成本一般在 6 万 ~ 20 万元。

如果有一个非常棒的想法，在一个领域打造一款非常棒的 App 应用，并且经过充分考量后愿意为之一搏。财力资源评估必须注意，这将会是一个持续的过程。在这种情况下，人力组织上所需要的资源要依靠自己的研发团队来完成，投入起码在 500 万元左右，可以考虑部分外包。正如前面所介绍的关键路径图，通常的开发需要不断进行设计、开发、测试。

但是在实际的财力资源评估中，也需谨记监管缺失、腐虫自生。制度的缺失和监管的缺位很多时候是造成项目财力评估与实际实施差距较大的原因。在项目团队成立初期需要加强内部监督、廉政教育和法制教育，健全完善相关财务制度。特别是针对财力资源评估人员，应当使其树立正确的世界观、人生观、价值观，清楚自己的责任、踏踏实实履职，自觉加强自身的职业道德建设，自觉遵守纪律、讲规矩，不断增强拒腐防变和抵御风险的能力。只有做到自身廉洁、严格约束自己，才能理直气壮地阻止或防止别人侵占集体利益，保证财力评估的合理性，确保后期项目工作正常进行。

3. 数字媒体项目的社会资源评估

数字媒体项目的开发过程需要有力的社会资源作为支撑。这里的社会资源分为公众支持和社会支持。评估潜在的公众认知度，是数字媒体项目实际收益能否获得的关键要素。公众支持的评估离不开前期用户数据库的建立。为了实现时间管理当中的有效性，受众的准确定位成为数字媒体平台搭建的前提条件。公众对于数字媒体产品的消费意识成为项目开发顺利进行的关键。因此，在用户资源的开拓上，其需求容量的变化成为时刻关注的重点。

社会支持主要体现在政府的政策性资源的提供上。2022 年 1 月 15 日，中央党校、光明网、求是网等刊文发布习近平总书记的署名文章《不断做强做优做大我国数字经济》。习近平总书记在 2021 年 10 月 18 日中共中央政治局第三十四次集体学习时指出："要推动数字经济和实体经济融合发展，把握数字化、网络化、智能化方向，推动制造业、服务业、农业等产业数字化，利用互联网新技术对传统产业进行全方位、全链条的改造，提高全要素生产率，发挥数字技术对经济发展的放大、叠加、倍增作用。""赋能传统产业转型升级，催生新产业新业态新模式，不断做强做优做大我国数字经济。"习近平总书记 2020 年 9 月 17 日在马栏山视频文创园考察调研时指出："文化和科技融合，既催生了新的文化业态、延伸了文化产业链，又集聚了大量创新人才，是朝阳产业，大有前途。"

2022 年 1 月 12 日，国务院印发的《"十四五"数字经济发展规划》指出，全面贯彻党的十九大和十九届历次全会精神，立足新发展阶段，完整、准确、全面贯彻新发展理念，构建新发展格局，推动高质量发展，统筹发展和安全、统筹国内和国际，以数据为关键要素，以数字技术与实体经济深度融合为主线，加强数字基础设施建设，完善数字经济治理体系，协同推进数字产业化和产业数字化，赋能传统产业转型升级，培育新产业新业态新模式，不断做强做优做大我国数字经济，为构建数字中国提供有力支撑。这对于数字媒体市场都是利好信息，数字媒体企业在经济竞争中的话语权将会提高。在数字媒体项目开发的过程中，为了提高整体产能效益，数字媒体项目的管理者必须时刻把握政策性变化的趋势，捕捉到社会资源的宏观变化。

5.4　数字媒体项目管理中进度计划的制订

5.4.1　数字媒体项目进度安排概述

对于数字媒体项目的进度计划编制工作，尽管项目的推动工作面临着很多变量，但是归根到底还是在估算资源的基础上，确定出项目的开始时间和完工日期。首先需要制定进度表。制定进度表包括分析活动顺序、活动持续时间、资源要求，以及进度制约因素。

项目进度表的设置绝非是固定不变的，而是根据项目推动环节的节点，进行一个实时的调整。但是对于数字媒体这样竞争激烈的市场，项目时间管理中的开始和完成时间要确定，即时间轴的两端必须固定，这样才能把项目进程保质、保量地完成。在启动和完成时间段内，制订具体实施方案与措施的项目进度计划。这样的整体才称为数字媒体项目进度计划。

数字媒体项目进度虽说是一场抢时间的战役，但是时间并不是项目时间管理的唯一要求，对于数字媒体项目来说充分的前期设计以及用户评估是避免产品失败的关键要素。进度控制、成本控制、质量控制三者统一于项目管理进程之中。进度加快往往需要更多资金投入，虽提高预算并不是项目管理者所乐于看到的，但是如果能尽快让数字媒体项目投入使用也可以提高投资回报的速度。质量上的严格把控是数字媒体产品推出市场的前提，实时质量监控也可以控制因产品不过关而造成的返工。统筹考量这三个要素，寓于整个项目管理当中。在数字媒体项目时间控制中对现有资源的各个部分的合理调配，成为管理者所必须牢记的意识。

5.4.2　数字媒体项目管理中进度计划编制的过程

数字媒体项目中编制进度计划前要进行详细的项目结构分析，也就是通过工作分解结构原理系统地剖析整个项目结构，包括实施过程和细节、系统规则地分解项目。另外，在编制项目进度计划时还需要按照以下过程来进行。

（1）确定项目目的和范围。项目进度的目标要素具体说明了项目成品、期望的时间、成本和质量目标，项目范围要素则包括用户决定的成果以及产品可以接受的程度，包括指定的一些可以接受的条件，这些是编制项目进度计划的首要过程。

（2）指定的工作活动、任务或达到目标的工作被分解、下定义并列出清单。

（3）创建一个项目组织以指定部门、分包商和经理对工作活动负责。

（4）准备进度计划以表明工作活动的时间安排、截止日期和里程碑。

（5）准备预算和资源计划，表明资源的消耗量和使用时间以及工作活动与相关事宜的开支。

（6）准备各种预测，如关于完成项目的工期、成本和质量的预测。

5.4.3　数字媒体项目进度计划制订的方法

数字媒体项目的时间管理具体做法很多，大多数计划充满灵活性，为环境的变化制定出可以调控的浮动时间区间。所以，如果想要统筹好项目的效率和效益，必须了解几种计划编制的方法。数字媒体项目计划方法可供参考的有以下几种。

1. 关键路径法

关键路径法（critical path method，CPM）是指在不考虑资源限制和时间强度的情况下，编制出理论上可行的进度计划。关键路径法是指在有许多复杂的现实背景影响下，以最短的时间和最低的成本完成整个项目，通过项目实施，解决冲突，产生关键路径这一规划法。对于一个项目，时间消耗取决于这个项目的最长或最耗时的活动网络。我们用关键路径这一名词来称呼这条最长的活动路线。关键活动指的是组成关键路径的活动。

编制项目进度计划的重要目的就是找出关键路径。关键路径是在网络计划中总工期最长的路径，它决定着整个项目的工期。项目计划方法的使用，依赖于确定出每个项目活动的最早开始和最早结束时间，还有最晚开始和最晚结束的时间；每个活动步骤的最晚时间和最早时间相减以得出每个活动的浮动时间。浮动时间大小与项目的紧迫性及重要性有关。正常情况下，关键路径活动的浮动时间为零，即不允许有任何延误，否则会导致整个项目的延误。而浮动时间为零即称为关键路径，任何一个项目都至少有一条关键路径，关键路径越多，意味着项目进度管理的难度和风险越高。非关键路径上的活动则有一定的浮动时间，即允许延误而不至于造成整个项目延误的最长时间。

因此，在进度管理中，不仅要注意关键路径，也要注意非关键路径是否已经或将要变成关键路径。必要时可以把非关键路径上的活动的资源调配到关键路径上去，以便保证甚至加快整个项目的进度。

（1）最早开始时间（early start，ES）。活动的最早开始时间由所有前置活动中最后一个最早结束时间确定。

（2）最早结束时间（early finish，EF）。活动的最早结束时间由活动的最早开始时间加上其工期确定。

（3）最晚结束时间（late finish，LF）。一个活动在不耽误整个项目的结束时间的情况下能够最晚结束的时间。它等于所有紧后工作中最早的一个最晚开始时间。

（4）最晚开始时间（late start，LS）。一个活动在不耽误整个项目的结束时间的情况下能够最晚开始的时间。它等于活动的最晚结束时间减去活动的工期。

（5）总时差（total float）。总时差是指一项活动在不影响整体计划工期的情况下最大的浮动时间。

（6）自由时差（free float）。自由时差是指活动在不影响其紧后工作的最早开始时间的情况下可以浮动的时间。

关键路径的活动称为关键活动。其通常做法有以下几种。

（1）各项活动视为独立时间节点，从项目起点到终点进行排列。

（2）用有方向的线段标出各节点的紧前活动和紧后活动的关系。完成方向性的网络图设计。

（3）用前推法和逆推法计算各个活动的最早开始时间、最晚开始时间；最早结束时间和最晚结束时间，并计算时间差值。

某一活动的最早开始时间（ES）= 指向它的所有紧前活动的最早结束时间的最大值。

某一活动的最早结束时间（EF）=ES+T（作业时间）

用逆推法来计算最晚时间：

某一活动的最晚结束时间（LF）= 指向它的所有紧后活动的最晚开始时间的最小值。

某一活动的最晚开始时间（LS）=LF−T（作业时间）

（4）找出所有时差为零的任务所组成的路线，此为关键路径。

（5）标注关键路径，使之成为整体项目管理的约束条件。

综合来看计算关键路径的步骤如下。

①用有方向的线段标出各节点的紧前活动和紧后活动的关系，使之成为一个有方向的网络图。

②用前推法和逆推法计算出各个活动的 ES、EF、LF、LS，并计算出各个活动的自由时差。找出所有总时差为零或为负的活动，就是关键活动。

③关键路径上的活动持续时间决定了项目的工期，总和就是项目工期。

④下面就对关键路径法的具体运用进行节点绘图来讲述。结合上文中 App 开发的实例，引用项目网络图的关键路径法显示任务模块如图 5-6 所示。

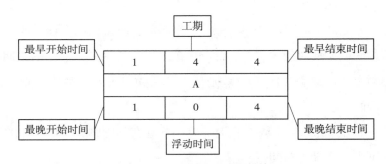

图 5-6　关键路径法任务模块

按照关键路径法，App 开发项目关键路径图（网络图）如图 5-7 所示。

把最关键的路径用图示法表达出来。在图 5-7 中，开发一个 App 从创意之初到最终上传到 iTunes 最早完成的总时长为 53 天，而最迟完成的总时长为 47 天（要按时完成项目，必须提前 6 天开始项目工作。）

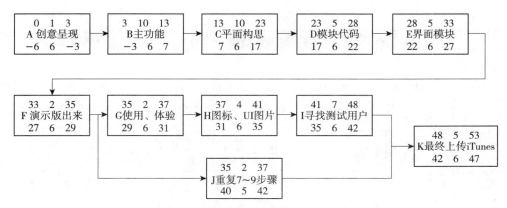

图 5-7　App 开发项目关键路径图（网络图）

注：在实际工期图中浮动时间根据不同表达习惯会以正负数来表示提前工期或推后工期。

需要注意的是，运用关键路径法所计算出的活动的最早开始与结束时间、最晚结束时间，都只是理论上的时间。如果这个理论上的进度计划缺乏所需的资源保证，就需要进行资源平衡。

2. 图形评审法

图形评审法（GERT）与关键路径法除需考虑工作延续时间的不确定性外，还允许工作存在概率分支。某些工作有不被执行的可能，或只能执行一部分，而有些工作可能被执行很多次。这些情况发生的概率也要在工期计划过程中考虑。

美国学者柯兹纳（Kerzner）在著作《项目管理——计划、进度和控制的系统方法（第 7 版）》中提出"时间抢夺者"的概念，其就是指那些在整个项目进展中发挥着蚕食效应的诸多因素，这些因素或显而易见，或潜伏很深，或让管理者心疼不已，或已让管理者习以为常。这些因素成为影响进程的不可控因素。

3. 甘特图 / 里程碑

此计划编制方法是亨利·甘特在 1961 年发明的，它被广泛用于确定项目中各项工作的时间。其基本特点是依据日历画出每项活动所需的时间范围，对于计划形象地描绘各项活动的进度与监督项目的进程。但是不能表现事件与活动间的相互关系。而在现代数字媒体项目中必须识别任务之间的相互依赖关系。

项目里程碑的核心基本上都是围绕事件、项目活动、检查点或决策点，以及可交付成果这些概念来展开的（图 5-8）。里程碑在整个数字媒体项目中是重大事件，不占资源，是重要的时间节点。里程碑作为阶段性的计划指导，目标必须明确。通过集体协作方式使里程碑在整体计划中获得广泛支持。

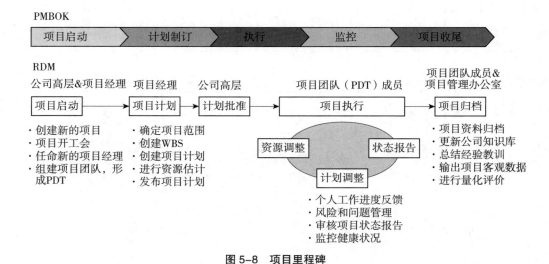

图 5-8　项目里程碑

注：RDM（Remote Deployment Manager）软件是 IBM 公司提供给 IBM 大客户的一个重要的系统管理工具。

4. 计划评审技术

计划评审技术（PERT）最早应用于美国海军特别计划办公室的北极星武器系统项目。由于该系统使用大量的新技术，技术上的不完善性提高了项目的风险程度。研究人员使用计划评审技术在特定限制的时间内尽可能估算项目使用的时间。对于难以估计精确时间的项目，PERT 提高项目管理的效率。PERT 需要明确四个概念：事件、活动、松弛时间（slack time）和关键路线（critical path）。

（1）事件。表示主要活动结束的那一点。

（2）活动。表示从一个事件到另一个事件之间的过程。

（3）松弛时间。不影响完工前提下可能被推迟完成的最大时间。

（4）关键路线。PERT 流程中花费时间最长的活动的序列。

标准 PERT 命名系统（图 5-9），圆圈表示事件，箭头表示活动，数字表示特定时间，不表示所遵循的顺序，但因为箭头从事件 3 指向事件 2，意味着事件 3 必须在事件 2 之前完成。箭头上的数字表示任务完成的时间（小时、天数、月份）。综合起来看 PERT 的内容包含管理循环三步骤：计划、执行和考核。

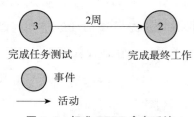

图 5-9　标准 PERT 命名系统

　　为了更方便地理解 PERT 图，相较于甘特图和里程碑图，PERT 像一幅详细的项目编制的地图，并且能更具体详尽地去表现出各种元素之间的关系，如图 5-10 所示。

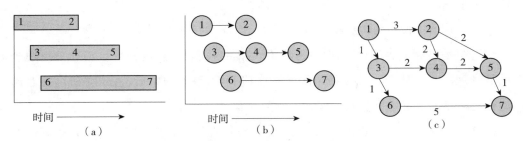

图 5-10　甘特图、里程碑图和 PERT 图
（a）甘特图；（b）里程碑图；（c）PERT 图

5.5　数字媒体项目管理中的进度控制

5.5.1　数字媒体项目管理项目进度控制概述

　　项目的进度计划为项目的实施提供了科学、合理的依据，从而确保了项目可以如期完成。在项目实施中，由于受到各种因素的影响，有的任务可能完成，有的可能提前，有的可能拖延。某项任务的实际进度无论是快或慢，必定会对其后续的任务按时开始或结束造成影响，甚至影响到整个项目完成的快慢，因此，项目一开始就应该进行计划的监控，确保每项工作都能按计划进行。通常来说，项目进度计划控制的内容包括以下三个方面。

　　（1）对项目进度计划影响因素的控制（事前控制）。

　　（2）确定项目的进度是否发生了变化。项目一旦开始实施，就必须严格控制项目的进度，以确保项目能够按项目进度计划进行和完成。如果发现项目实施情况与项目计划进度之间出现差距，而且这种差距超出了控制标准，就要找出变化的原因，并采取措施加以纠正，以保证项目进度计划的正常发展。

　　（3）对影响项目进度变化的因素进行控制，从而确保这种变化朝着有利于项目实现的方向发展。

5.5.2　数字媒体项目管理项目进度控制采取的措施

　　计划管理是项目管理中的重要职能，没有计划管理，各种工作就无法顺利开展。计划是监督的依据，如果计划中没有确定的数据，就无法衡量工程的有效完成情况，缺乏计划是必败无疑的。不过，光有计划也是远远不够的，必须用计划作为指导来进行项目进度计划的控制，对项目进行动态管理，才能确保工程不和计划产生偏离。一般可从以下四个方面对项目进度进行控制。

1. 项目进度控制的组织措施

组织是目标能否实现的决定性因素，为实现项目的进度目标，应充分重视全项目管理的组织体系。在项目组织结构中应有专门的工作部门和符合进度控制岗位资格的专人负责进度控制工作，具体措施有以下几种。

（1）建立设备工程进度目标控制体系，并据此建立进度控制的设备监理现场组织机构，将实现进度目标的责任落实到每个进度控制人员。

（2）建立现场进度控制的工作责任制度，说明进度控制人员在进度控制中的具体职责。

（3）派驻称职的设备监理人员，即设备监理人员应具备一定的素质和执业资格，并在上岗前经过有针对性的培训。

（4）建立可行的进度控制工作体系，包括例会制度（技术会议、协调会议等）、进度计划审核及实施过程监理制度、各类文件审核程序及时间限制等。

2. 项目进度控制的管理措施

项目进度控制的管理措施包括管理的思想、管理的方法、管理的手段、承发包模式、项目管理和风险管理等内容。在理顺组织的前提下，科学和严谨的管理显得十分重要。其具体措施如下。

（1）用网络计划的方法编制进度计划。这种方式必须很严谨地分析和考虑工作之间的逻辑关系，通过计算可发现关键工作和关键路线，也可知道非关键工作可使用的时差，有利于实现进度控制的科学化。

（2）承发包模式的选择直接关系到项目实施的组织和协调。为了实现进度目标，应选择合理的合同结构，以避免因过多的合同交接而影响工程的进展。项目物资的采购模式有利于提高进度信息处理的效率，有利于提高进度信息的透明度，有利于促进进度信息的交流和项目各参与方的协同工作。

3. 项目进度控制的经济措施

项目进度控制的经济措施包括资源需求计划，资源供应的条件和经济激励措施等内容。为确保进度目标的实现，应编制与进度计划相适应的资源需求计划，并通过对资源需求的分析，发现所编制的进度计划实现的可能性，如果资源条件不具备，则应调整进度计划。其具体措施如下。

（1）建立设备工程付款程序，及时审核承包商的进度付款申请，并向业主出具付款签证，以便业主及时向承包商支付进度款。

（2）及时处理变更和索赔付款。

（3）采取奖惩措施，如对提前竣工，可给予物资和经济奖励；对工程拖期，则采取一定的经济处罚。

4. 项目进度控制的技术措施

项目进度控制的技术措施是指运用各种项目管理技术，通过各种计划的编制、优化实施、调整而实现对进度有效控制的措施，主要包括以下内容。

（1）建立一套实用和完善的设备工程进度控制的程序文件。

（2）采用横道图计划、网络计划技术等，编制设备工程进度计划。

（3）利用电子计算机和各种应用软件辅助进度管理，包括进度数据的采集、整理、统计和分析。

需要注意的是，不同的设计理念和方案会对项目进度产生不同的影响，因此，在设计工作的前期，应对设计技术与项目进度的关系做分析、比较。尤其是在项目进度受阻时，要分析是否存在设计技术的影响因素，通过改进完善来加快项目进度。

5.5.3　数字媒体项目管理项目进度控制常见的挑战

不管你是一个经验多么丰富的项目经理，任何一个项目都不会是一帆风顺的，它总是会用一些艺术、科学和戏法的手段来挑战你的能力。尤其是你试图控制项目时就经常要面对一些挑战，下面就来看这些挑战出现的原因。

（1）组织安排时间的影响。如果在时间报告和项目成本跟踪方面遇到组织安排问题，就会影响绩效报告的及时性和准确性。因此，在计划过程中，需要理解与明白如何报告项目时间和成本信息，以及要花多少时间来获取这方面的数据。甚至是建立具体的时间报告或批准程序来确保控制系统的完成性。

（2）项目经理不情愿或任务繁重。一般来说，项目经理不太情愿由项目团队成员制定 WBS 层级时间报告。另外，如果项目经理任务繁重，就没有足够的时间投入项目控制。当项目经理同时担任多个角色或者负责多个项目时最容易出现这种情况。

（3）无法准确衡量进度。无法准确衡量进度是产出无形产品的工作任务自然会遇到的难题，尤其是当项目状态是估算出来的时候。如果工作定义不清楚，又没有设立正式的标准，或者不按要求汇报工作的话，这个问题会更加复杂。

（4）缺少变更控制。其最普遍的原因就是缺少变更控制程序。如果项目范围扩大，而项目进度计划和预算又没有做出适当调整，缺乏变更控制程序就会带来很多的问题。

（5）没有设定完成标准。如果没有清楚地设定工作任务完成标准，就很可能会增加返工次数，更难以准确地报告进度或状态。

（6）没有预算基准。如果没有设立并控制进度计划和预算基准，就无法准确地衡量绩效偏差，因此也就不大可能尽早发现问题。

（7）执行不一致。如果对控制程序的执行不一致，就难以尽早识别绩效偏差，更难以让项目团队成员遵循定义好的控制程序。

（8）隐性工作的影响。这主要是工作定义和变更控制方面的问题。在未识别的工作任务、未预料的返工或超出项目范围的工作上所做的努力，会给项目控制程序的准确性和有效性带来影响。

本章小结

数字媒体项目进度管理是在项目实施过程中，对各阶段的进展程度和项目最终完成的期限所进行的管理。数字媒体项目时间管理的主要过程包括：活动定义、活动排序、工期和资源估算、绘制关键路径图、进度安排及控制。在数字媒体项目管理过程中，需要在规定的时间内，拟定出合理且经济的进度计划（包括多级管理的子计划），在执行该进度计划过程中，要经常检查实际进度是否按照计划要求进行，若出现偏差，便要及时找出原因，采取必要的补救措施或调整、修改原计划，直至项目完成。其目的是保证项目能在满足其时间约束条件的前提下实现其总体目标。

思考题

1. 数字媒体项目时间管理有什么特殊性？在指定活动排序时具备哪些风险因素？

2. 哪些软件可以支持项目时间管理？

3. 尝试从网上收集一些数字媒体项目时间管理的案例，分析总结一些更行之有效的时间管理方法。

4. 在数字媒体项目时间管理内容中，怎样算是有效的时间管理？

5. 当数字媒体项目执行中出现偏差时，为保证项目在目标时间内完成，项目经理该如何调整项目进度？

 即测即练

第 6 章 　数字媒体项目的成本管理

学习目标

1. 理解数字媒体项目成本管理的重要性及其基本术语。

2. 了解数字媒体成本估计的类型和方法。

3. 理解在为数字媒体项目进行成本预算以及准备成本估计时所涉及的过程。

4. 掌握成本管理中的挣值管理的方法。

能力目标

1. 具备进行项目成本管理的能力。

2. 具备利用项目管理工具进行成本分配并管理控制的技术。

3. 掌握项目管理中成本调整计算的方法。

思政目标

1. 掌握对成本进行科学计划、管理的理念，提高项目成功的概率。

2. 培养项目过程中，成本做到合理透明、避免行贿受贿等行为。

导入案例

　　成都影视硅谷国家级超高清基地，主要承担国家超高清内容研发及标准制定工作，在沉浸式超高清数字文旅、文创、文博、文娱，虚拟演播、虚拟拍摄、科普研学、网络直播等方面具备了较强的研制能力。

张工是成都影视硅谷国家级超高清基地的项目经理，1 个月前刚接手某 5A 景区（国家 AAAAA 级旅游景区，中国旅游景区最高等级）的裸眼 VR 研发项目。完成项目需求调研后，张工开始制订详细的进度和成本计划。表 6-1 和表 6-2 分别是张工用两种方法做的项目成本估算，估算货币单位为元。

表 6-1　项目成本估算表（方法一）　　　　　　元

WBS	名称	估算值	合计值	总计值
1	沉浸式播控系统			A　505 000
1.1	播控系统		95 000	
1.1.1	多通道融合	5 × 5 000		
1.1.2	控制主机 + 音响	20 000		
1.1.3	投影	5 × 10 000		
1.2	沉浸式观影平台		60 000	
1.2.1	球幕 3 米 ×2.5 米 ×2	50 000		
1.2.2	观影平台	10 000		
1.3	8K 渲染费用	50 000	50 000	
1.4	沉浸式片源制作 5 分钟	300 000	300 000	

表 6-2　项目成本估算表（方法二）

成本参数	单位成员工时数	参与人数
项目经理（60 元 / 小时）	500	1
场景制作人员（40 元 / 小时）	500	10
后期制作人员（40 元 / 小时）	300	10
一般管理费	17 750	
额外费用（25%）	126 250	
交通费（500 元 / 次，4 次）	2 000	
微型计算机费（2 台，3 500 元 / 台）	7 000	
打印与复印费	2 000	
总项目费用开支	B 505 000	

思考：

1. 该项目的成本管控是如何做的？

2. 项目中如何管控成本是最佳选择？

6.1　成本管理的概念及特征

6.1.1　成本管理的概念

项目成本管理是为了使项目成本控制在计划目标之内所做的预测、计划、控制、调整、核算、分析和考核等一系列管理工作。项目成本管理过程包括成本资源计划、成本估算、成本预算和成本控制。四个环节相互重叠影响,以保证实现预算的成本目标。

要做好成本管理工作、提高成本管理水平,首先要认真开展成本预测工作,规划一定时期的成本水平和成本目标,对比分析实现成本目标的各项方案,关注完成项目活动所需资源的成本,如人力资源、组织过程资产、设备和材料等,同时考虑在立项阶段和决策阶段的项目费用、项目产品的使用和保障阶段的费用等,综合进行最有效的成本决策。然后根据成本决策的具体内容,编制成本计划,并以此作为成本控制的依据。平时认真组织成本核算工作,建立健全成本核算制度和各项基本工作,严格执行成本开支范围,采用适当的成本核算方法,正确计算产品成本。同时安排好成本的考核和分析工作,正确评价各部门的成本管理业绩,促进企业不断改善成本管理措施,提高企业的成本管理水平。

某些项目,特别是小项目,成本的估算、成本预算和成本控制三者紧密相连,可把这些过程视为一个过程处理(如可由一个人在短时间内完成时)。本章我们还是把这些过程分开讨论,不同的过程使用的工具和方法是不同的。

成本的管理在项目中是比较容易出现偏差以及意外的环节。项目管理成员应学会利用科学的方法对成本进行计划并管理,以此提高项目成功的概率。同时,项目成本的管理过程中,应保持适当的公开透明,避免行贿受贿和腐败等行为。

6.1.2　数字媒体环境下的成本管理特征

具备良好的成本估计是项目开始时一个十分重要且苛刻的必要技能。然而,对于数字媒体的项目来说,很多项目经理并不重视成本超支和成本管理的问题。由于数字媒体项目的特点是初始项目需求不明确,因此初始成本规定得很低,从而自然产生成本超支的问题。所以,不重视成本的重要性是成本超支的原因之一。另外,许多数字媒体项目涉及新技术和不断更新的业务经营过程。这些未经过测试的、有潜在风险的内容容易被项目经理认为由此导致的成本增加和项目失败是可以理解并被原谅的，这是非常错误的想法。恰当施以项目成本管理可以改变这一错误观念，并降低成本超支的可能性，提升项目成功的概率。

数字媒体行业属于服务业，但是又有别于一般的服务业。数字媒体项目的成本管理具有以下的特点。

（1）不可挽回性。相对来说，数字媒体项目的前期成本相当高，后期成本较低。数字信息的产品，一般来说主要的成本都在销售以前的生产环节和产品推广阶段，即产品的研发、制造以及推广推荐。一般的数字媒体项目从研发到生产出第一个产品之前的成本，都可以算作"沉没成本"，一旦产品无法形成，则之前的众多投入大部分都不可挽回。

（2）难以预测性。数字媒体项目的每一项策划和实施条件都不一样，各个项目的实施过程和成本形成都千差万别，很难用统一的模式来评价和预测其成本，必须"一事一议"。

（3）人力资源密集性。数字媒体项目是典型的人力资源密集型产业，需要人员处理信息、操作技术等，都是高级的脑力劳动过程；并且数字媒体属于高新技术领域，从业人员需要掌握一定的技术，并通过长期的学习、培训和积累才能达到从业的要求，因此相对来说，数字媒体项目的人力成本较高。

（4）针对数字媒体项目成本的特征，成本管理方法应该有别于传统制造业。更应该关注如何促进前期资源的有效利用，高效率地引导资金和人力资源的投入，避免无效的、较高的"沉没成本"。同时，做好成本管理和控制计划，分析成本风险，降低项目失败的概率。

6.1.3　项目成本的构成

一个项目的总成本是由多个方面的成本构成的，在项目的不同生命周期阶段，会有不同的成本构成。项目成本的构成主要为以下几个方面。

1. 项目决策成本

在项目的立项阶段需要通过大量的市场调研和数据收集来进行项目可行性分析，从而做出正确的决策。因此，在项目的初始阶段，尤其是需要和用户产生高黏度的数字媒体项目，需要计划并管理决策工作所产生的成本。

2. 项目设计成本

当项目的可行性得到认可后，需要对项目进行设计。例如，进行程序软件的功能、界面的跳转逻辑、技术路线和实验方案、视频的拍摄手法、营销推广模式等设计。对于数字媒体项目而言，一个贴合用户、满足用户需求的设计是项目成功的关键。这一系列工作所花费的成本为项目设计成本。

3. 项目获取成本

对于大部分项目而言，组织想要获取项目需要付出一定成本，例如获取成都市宣传片的拍摄项目，需要组织和多个团队竞争投标获取。因此，项目组织开展的一系列包括询价、供方选择、广告、招投标、承发包等工作所产生的成本，为项目获取成本。

4. 项目实施成本

项目在实施过程中，为完成项目而消耗的各种资源所构成的一系列费用成本为项目实施成本。费用包括但不限于人工费、设备费、材料费、场地费、管理费、宣传费、包装费、公关费和不可预见费等一系列费用。

对于数字媒体项目而言，项目的决策成本和设计成本较高且为沉没成本，如果项目未成功启动或者最后是失败的，项目费用便不可挽回。在实施成本中，人工费和数字媒体的设备高昂。管理项目成本应多从这些方面进行计划并管理。同时，项目成本管理应综合考虑项目全生命周期，考虑决策对项目产品的使用成本的影响。例如，减少设计方案的次数可减少产品的成本，但却可能会增加今后用户的使用成本。

项目的成本除了很多显性成本以外，还存在着较多的隐性成本。对于经验较为缺乏的项目组，在核算成本时可能会存在成本漏项、估算不完整、估算不合理等情况，项目组成员需要注意与合作方的及时沟通，多寻求专家的意见并主动规避估算不合理等情况。避免出现合同纠纷以及不必要的经济纠纷。

6.1.4　成本管理的重要性

成本管理是企业管理的一个重要组成部分，它需要系统而全面、科学且合理的规划和执行，它对于促进增产节支、加强经济核算、改进企业管理、提高企业整体成本管理水平具有重大意义。通过充分动员和组织企业全体人员，并在保证产品质量的前提下，对企业生产经营过程的各个环节进行科学合理的管理，力求以最少生产耗费取得最大的生产成果。

6.2　成本管理的过程

做好项目的成本管理需要一个完整的计划，首先应该根据项目的实际情况做出资源计划，然后根据资源计划做出后续的成本估算和成本预算工作。成本计划的编制便是依次做好这三个计划。三个计划的重叠关系如图 6-1 所示。其中资源计划涉及物资问题，是资源的质和量；成本估算是价值问题，涉及一笔数字账目；而成本预算则是将钱进行落实，是资金的最后流向。而这些计划，都应该在项目的范围管理的工作分解结构的基础上完成。最后在实施项目的过程当中，做好成本控制以提高项目的成功概率。

图 6-1　成本计划编制流程

6.2.1　成本资源计划

资源计划的制订，需要项目团队在工作分解结构的基础之上，将所需要使用的有形和无形的资源，形成一个项目资源计划清单。资源计划涉及决定什么样的资源，包括人、设备、材料等，以及多少资源在什么时间将被用于项目的每一项工作的实施过程中。因此资源的计划必然和费用估计相联系。

1. 资源计划编制的依据

（1）范围管理制作的工作分解结构。根据工作分解结构的工作包，列出每一个工作包所需资源并进行汇总。

（2）企业环境因素。同行业或类似项目的历史数据，同时可以查询这些工作使用资源的情况；相关的国家标准和行业规范；项目内外部可获得资源情况等。

（3）项目范围的识别陈述。项目范围包括了项目工作的说明和项目目标，在编制资源计划时，应该进行综合考虑。例如，一个高科技课题的项目，这一目标属性决定人力资源需求是高学历高技术人才，而不是普通的体力劳动者。

（4）组织策略。在进行资源计划过程中，需要考虑到人事安排、组织架构、对所需设备的购买或者租赁等策略。例如，做一个后期，两班倒需要一台电脑、两个后期制作人员，一班制需要两个后期制作人员配两台电脑，外包则不需要人员和电脑。

（5）资源安排描述。对于资源的获取方式、途径和是否容易被获取也是在做资源计划时需要被综合考虑的。

2. 资源计划制作方法

（1）专家判断法。资源计划常用方法，专家可以来自组织的其他职能部门、顾问部门、技术委员会以及工业组织等。

（2）备选方案法。通过头脑风暴法，制订实现项目目标的多个方案，通过对比或者专家判断的方式，选择性价比最优的方案。

（3）自下而上法。根据 WBS 把每项工作所需的资源列出，然后汇集成整个项目的资源计划。该方法虽然较为费时费力，但却比较精准可靠。

6.2.2　成本估算

成本估算是对完成项目所需资源的成本进行估算的过程。认真合理的成本估算有助于项目团队确定项目所需的资金，并在规定的预算内完成项目（图 6-2）。列出一个合适的资源需求清单后，项目经理和项目团队应该对这些资源的成本进

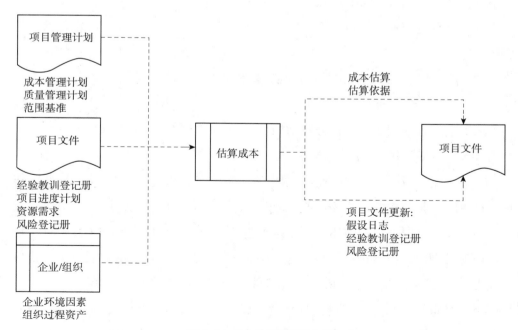

图 6-2　成本估算数据流向图

行多次估算。例如，某数字媒体项目是完成一个特定类型的测试，在资源计划清单中将描述需要完成该测试的人员的水平、完成这一活动的建议人数、建议时间、所需的特定软件及设备等。一个好的成本估算需要囊括以上信息。

1. 成本估算的类型

在项目过程中，应该随着详细信息的逐渐呈现和项目假设条件的逐渐验证，对成本估算进行审查和优化。在项目生命周期中，项目成本估算的准确性会随着项目的进展而逐步提高。表 6-3 展示了三种不同的成本估算类型。

表 6-3　三种不同的成本估算类型

估算类型	什么时候做	为什么做	精度多少
粗数量级估算	项目生命周期前期，经常是项目完成前的 3 ~ 5 年	提供选择决策的成本估计	-50% ~ 100%
预算估算	早期，1 ~ 2 年	把钱分配到预算计划	-10% ~ 25%
确定性估算	项目后期，短于 1 年	为采购提供详细内容，估计实际费用	-5% ~ 10%

（1）粗数量级估算。在项目早期甚至在项目正式开始之前进行，而数字媒体项目更多是在项目启动阶段得出项目的粗数量级估算，其区间为 -50% ~ 100%。项目经理和高层管理往往使用该估算帮助项目做出决策。

（2）预算估算。用来将资金分配到组织的预算中，许多组织至少提前两年建立预算估算。数字媒体项目更多是在项目计划阶段做出项目的预算估算。其精确度一般在 -10% ~ 25%。

（3）确定性估算。随着信息越来越详细，确定性估算的区间可缩小至 -5% ~ 10%。某些组织已经制定出相应的指南，规定何时进行优化，以及每次优化所要达到的置信度或准确度。

除了给出成本估算，对成本估算提供支持性的细节也是非常重要的。支持性的细节包括基本规则和估算所用的假设、用作估算基础的项目描述范围说明书、工作分解结构等详细的成本估算工具和技术。当需要时，这些支持性的细节可以使估算更新变得简单易行。同时，成本估算时应该考虑将向项目收费的全部资源，包括但不限于人工、材料、设备、服务、设施，以及一些特殊的成本种类等。成本估算应该动态地呈现在项目管理过程中。

2. 成本估算的技术与方法

1）类比估算法

该方法使用以往类似项目的实际成本和属性值作为目前项目成本估算的根据。可以参考的属性值，如范围、成本、预算、持续时间和规模指标等，类比估算法以这些项目属性值为基础来估算当前项目的同类属性。它需要专业的判断能力，较其他方法节省成本，但却不精确。有两种情况可以使用这种方法：①以前完成的项目与新项目非常相似。②项目成本估算专家或小组具有必需的专业技能。

2）参数估算法

参数估算法也叫参数模型法，是在数学模型中应用项目特征参数估算项目成本。它是一种建模统计技术，利用项目特性计算项目费用，模型可以简单（如商业住宅以居住空间的金额估算），也可以复杂（如一个软件开发费用模型要用十几个因素）。参数估算法使用一组项目费用的估算关系式，通过这些关系式对整个项目或其中大部分的费用进行一定精度的估算。参数估算法集中在成本动因（即影响成本最重要因素）的确定上，这种方法并不考虑众多的项目成本细节，因为是项目成本动因决定了项目成本总量的主要变化。参数估算法能针对不同项目的成本因素分别进行计算。

3）自下而上估算法

自下而上估算法是对工作组成部分进行估算的一种方法，也叫工料清单法，是估算各个工作项或活动，并将单个工作项汇总成整体项目估算的一种方法，有时称为基于活动成本法。这种方法首先要给出项目所需的工料清单，然后再对工料清单中各项物料和作业的成本进行估算，最后向上滚动加总得到项目总成本。这种方法通常十分详细而且耗时，但是估算精度较高，它可对每个工作包进行详细分析并估算其成本，然后统计得出整个项目的成本。

4）WBS 全面详细估算法

WBS 全面详细估算法即利用 WBS，先把项目任务进行合理的细分，分到可以确认的程度，如某种材料、某种设备、某一活动单元等。然后估算每个 WBS 要素的费用。采用这一方法的前提条件或先决步骤如下。

（1）对项目需求做出一个完整的限定。

（2）制定完成任务所必需的逻辑步骤。

（3）编制 WBS 表。

项目需求的完整限定应包括工作报告书、规格书以及总进度表。工作报告书是指实施项目所需的各项工作的叙述性说明，它应确认必须达到的目标。如果有资金等限制，该信息也应包括在内。规格书是对工时、设备以及材料标价的根据。它应该能使项目人员和用户了解工时、设备以及材料估价的依据。总进度表应明确项目实施的主要阶段和分界点，其中应包括长期订货、原型试验、设计评审会议以及其他任何关键的决策点。

3. 成本估算的结果

（1）项目的费用估计。描述完成项目所需的各种资源的成本，通常包括劳动力、原材料、库存及各种特殊的费用项，如折扣、费用储备等的影响，其结果通常用劳动工时、工日、材料消耗量等表示。

（2）详细说明。成本估算的详细说明应该包括成本估算的范围描述、成本估计的实施方法、成本估算信赖的各种假设、估算结果的有效范围。

（3）请求的变更。成本估算过程可能产生影响资源计划、费用管理计划和项目管理计划的其他组成部分的变更请求，请求的变更应通过整体变更控制过程进行处理和审查。

6.2.3　成本预算

项目成本预算是在项目成本估算的基础上，将结果分摊到项目的各项具体活动和各个具体项目阶段上，是为项目成本控制制订基准计划的项目成本管理活动，它又称为项目成本计划。项目成本预算具有三大特征。

（1）计划性。项目计划中，根据工作分解结构，项目被分解为多个工作包，形成一种系统结构。项目成本预算就是将成本估算总费用尽量精确地分配到 WBS 的每一个组成部分，从而形成与 WBS 相同的系统结构。因此，预算是另一种形式的项目计划。

（2）约束性。因为项目高级管理人员在制定预算的时候均希望能够尽可能"正确"地为相关活动确定预算，既不过分慷慨，以避免浪费和管理松散，也不过于吝啬，以免项目任务无法完成或者质量低下，故项目成本预算是一种分配资源的计划，预算分配的结果可能并不能满足所涉及的管理人员的利益要求，而表现为一种约束，所涉及人员只能在这种约束的范围内行动。

（3）控制性。项目预算的实质就是一种控制机制。管理者的任务不仅是完成预定的目标，而且必须使得目标的完成具有效率，即尽可能地在完成目标的前提下节省资源，这才能获得最大的经济效益。所以，管理者必须小心谨慎地控制资源的使用，不断根据项目进度检查所使用的资源量，如果出现了对预算的偏离，就需要进行修改，因此，预算可以作为一种度量资源实际使用量和计划量之间差异的基线标准而使用。

1. 成本预算的原则

项目成本预算在整个计划和实施过程中起着重要的作用。根据成本预算，项目管理者可以实时掌握项目的进度。如果成本预算和项目进度没有联系，那么管理者就可能会忽视一些危险情况，如费用已经超过了项目进度所对应的成本预算但没有突破总预算约束的情形。为保证成本预算能发挥它的积极作用，编制过程应该遵循以下一些基本原则。

（1）项目成本要与项目目标相联系。通常情况下，成本与质量、进度关系密切，三者既统一、又对立。所以，在进行成本预算确定成本控制目标时，必须同时考虑项目质量目标和项目进度目标。项目质量目标要求越高，成本预算也越高；项目进度越快，项目成本越高。因此，编制成本预算，要与项目的质量计划、进度计划密切结合，保持平衡，防止顾此失彼、相互脱节。

（2）项目成本预算要有可行性。编制成本预算过低，经过努力也难达到，实际作用很低；预算过高，便失去作为成本控制基准的意义。故编制项目成本预算，要根据有关的财经法律、方针政策，从项目的实际情况出发，充分挖掘项目组织的内部潜力，使成本指标既积极可靠，又切实可行。

（3）项目成本预算要有弹性。项目在执行的过程中，可能会有预料之外的事情发生，包括国际、国内政治经济形势变化和自然灾害等，这些变化可能对项目成本预算的实现产生一定影响。因此，编制成本预算，要留有充分的余地，使预算具有一定的适应条件变化的能力，即预算应具有一定的弹性。

（4）项目成本预算以项目需求为基础。一方面，预算应该考虑所有的项目成本，而人们往往倾向于只考虑项目明显要用到的资源；另一方面，为便于管理现金流和控制项目，还需要知道这些成本在什么时候产生，因此预算要和项目需求直接相关，项目的范围需求就是为项目预算提供充足的细节信息。

2. 成本预算的方法

项目成本预算的依据主要有项目成本估算、工作分解结构、项目进度计划等。其中项目成本估算提供成本预算所需的各项工作与活动的预算定额；工作分解结构提供需要分配成本的项目组成部分；项目进度计划提供需要分配成本的项目组成部分的计划开始和预期完成日期，以便将成本分配到发生成本的各时段上。项目成本预算的两种基本方法是自上而下的预算和自下而上的预算。

（1）自上而下预算法。自上而下预算法主要是依据上层、中层项目管理人员的管理经验和判断。首先由上层和中层管理人员对构成项目整体成本的子项目成本进行估计，并把这些估计的结果传递给低一层的管理人员。在此基础上由这一层的管理人员对组成项目和子项目的任务的成本进行估计，然后继续向下一层传递他们的成本估计，直到传递到最低一层。

这种预算方法的优点：①总体预算比较准确，上中层管理人员的丰富经验往往使他们能够比较准确地把握项目整体的资源需要，从而保证项目预算能够控制在比较准确的水平上。②由于在预算过程中总是将既定的预算在一系列任务之间进行分配，这就避免有些任务被过分重视而获得过多资源。

这种预算方法也存在不可避免的缺点：可能会出现下层人员认为不足以完成相应任务，但很难提出与上层管理者不一致的看法，而只能沉默地等待上层管理者自行发现其中的问题而进行纠正，这样就会导致项目在生产进行过程中出现困难，甚至失败。

（2）自下而上预算法。自下而上预算法是根据工作分解结构建立起来的，需要管理人员对所有工作的时间和需求进行仔细的考查，以尽可能精确地加以确定。预算是针对资源而进行的，意见上的差异可以通过上层和中层管理人员之间的协商来解决，形成了项目整体成本的直接估计。项目经理在此之上加以适当的间接成本，如行政费用、应急储备金、一定的利润数据等，得出最后的项目预算。

自下而上预算法的优点：一线工作的人员对资源的需求状况有着更为准确的认识，同时预算出自这些日后要参与实际工作的人员手中，可以避免上下层管理人员发生争执和不满情况的出现。

与自上而下预算法相比，自下而上预算法对任务档次的要求更高、更为准确，关键在于要保证把所涉及的所有工作任务都考虑到。为此，这种方法比自上而下的预算方法更为困难。

　　一般来说，自上而下法要比自下而上法使用得更为普及。自下而上的方法风险较大，首先上级会担心下属夸大资源需求以保证工作顺利进行，造成资源浪费；其次高层管理人员都能意识到预算是组织控制工作最重要的工具之一，他们更加相信自己的技术和经验。在项目预算的过程中，数据流向图如图 6-3 所示。

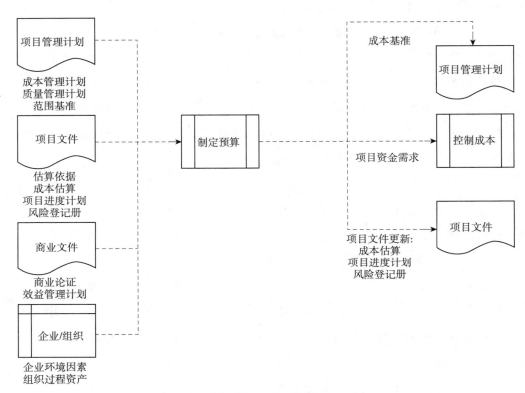

图 6-3　成本预算数据流向图

3. 成本预算的编制过程

　　（1）成本预算总额的确定。将批准的项目成本估算进一步精确化，具体到各成本要素中，并为每一个工作包建立预算成本，进而确定项目总成本。

　　（2）项目各项活动预算的确定。依据项目各工作包的各项活动的进度，将项目预算成本分配到工作包及项目整个工期中各阶段。

　　（3）项目成本预算调整。对已编制的预算成本进行调整，以使成本预算既先进又合理的过程；项目成本预算的调整分为初步调整、综合调整和提案调整。

　　①初步调整。借助工作任务一览表、工作分解结构、项目进度计划、成本估算在内的预算依据，在项目成本预算后对某些工作的遗漏和不足，某些工作出现

的偏差进行调整。对一些可能不够准确的地方进行再调查，并根据实际情况进行
修正。

②综合调整。项目总是处在变化当中，因此项目预算也会发生相应的变化，这
就需要对预算做出相应的调整，但是这种调整不像初步调整那样确定和明了，在这
里更多的是凭借管理者的直觉和经验。

③提案调整。当财务、技术人员编制的项目预算已经接近尾声，并认为合理
可行时，就可以把它写进项目预算提交审议。这是一个非常关键的阶段，需要说
服项目经理、项目团队和主管单位，还需要得到客户的肯定，使多数人认为该预
算是适当且周密的。

4. 项目预算的表现结果

（1）成本预算表。在编制项目成本预算时，可以根据考虑的综合因素，如人
员、设备、材料等填写预算表，完成成本预算。预算表可以按项目的工作内容来
制定，如表 6-4 所示；也可以按项目的时间段来制定，如表 6-5 所示。

表 6-4　项目成本预算表（按工作内容制定）

工作内容	决策成本	设计成本	获取成本	实施成本	...	总计
可交付成果 1						
活动 1						
活动 2						
可交付成果 2						
活动 3						
活动 4						
……						

表 6-5　项目成本预算表 （按工作时间制定）

工作时间	决策成本	设计成本	获取成本	实施成本	...	总计
第一个月						
第二个月						
第三个月						
……						

（2）时间成本累计曲线。把每个时间段的项目成本逐渐累积起来，就可以得到图 6-4 所示的项目累计成本曲线，通常称为 S 曲线。从图中可以看到，截至某时刻项目的累计成本应该是多少，提供了监控项目成本和进度绩效的良好基础。在项目实施过程中，可以通过 S 曲线来监控了解项目实际成本、进度和计划中发生的偏离。

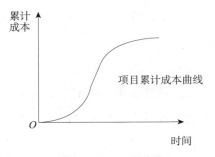

图 6-4　时间成本累计曲线

在项目实施过程中，结合时间管理的关键路径，可以知道每项活动的最早开始时间和最晚开始时间是不一致的。开始时间不同，会导致不同的成本结果。管理进度人员希望每一项活动都在最早开始时间开始，而管理成本的人员希望每一项活动都在最晚开始时间开始以延迟付款时间。不同的开始时间会导致图 6-5 所示的结果。因此，项目经理要把握项目的全局，并在相互冲突的分目标之间寻求最佳平衡点。

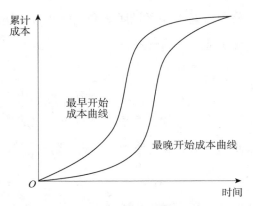

图 6-5　项目最早、最晚开始时间成本累计曲线

整个项目的累计预算成本或每一阶段的累计预算成本，在项目的任何时期都能与实际成本和工作绩效做对比。对项目或阶段来说，仅仅将消耗的实际成本与总预算成本进行比较容易引起误解，因为只要实际成本低于总预算成本，成本绩效看起来总是好的。例如，在某个数字媒体项目的例子中，我们认为只要实际总成本低于 100 万元，项目成本就得到了控制。但当某一天实际总成本超过了总预算成本 100 万元，而项目还没有完成，那该怎么办呢？到了项目预算已经超出而仍有剩余工作要做的时候，要完成项目就必须增加费用，此时再打算进行成本控制就太晚了。为了避免这样的事情发生，就要利用累计预算成本而不是总预算成本作为标准来与实际成本做比较。如果实际成本超过累计预算成本，就可以在不算太晚的情况下及时采取改正措施。

5. 成本估算和成本预算的区别与联系

成本估算和成本预算既有区别又有联系。成本估算的目的是估计项目的总成本和误差范围，而成本预算是将项目的总成本分配到各工作项和各阶段上。成本估算的输出结果是成本预算的基础与依据，成本预算则是将已批准的估算（有时因为资金原因需要砍掉一些工作来满足总预算要求，或因为追求经济利益而缩减成本额）进行分摊。

尽管成本估算与成本预算的目的和任务不同，但两者都以工作分解结构为依据，所运用的工具与方法相同，两者均是项目成本管理中不可或缺的组成部分。

6.2.4　成本控制

成本控制是一项综合管理工作，主要目的是控制项目成本的变更，涉及项目成本的事前控制、事中控制、事后控制。项目成本的事前控制指对可能引起项目成本变化因素的控制；事中控制指在项目实施过程中的成本控制；事后控制指当项目成本变动实际发生时对项目成本变化的控制。

控制项目成本有几种辅助工具。例如，Project 有许多成本管理的特性，可帮助输入预算成本、设定基线、输入实际数值、计算变量和运行各种成本报告。除了使用软件，还必须建立一些变更控制系统来界定更改成本基线的过程。绩效评审是帮助控制项目成本的一个有力的工具。当人们知道需要报告自己的工作进展时，通常工作就能表现得更好一些。另一个重要的成本控制工具是绩效评价。其中挣值管理（earned value management，EVM）是一个强有力的成本控制技术，它在项目管理领域的地位是独一无二的。

1. 成本控制的内容和依据

成本控制的内容包括监控成本预算执行情况以确定与计划的偏差，对造成费用基准变更的因素施加影响。

（1）确认所有发生的变化都被准确记录在费用线上。

（2）避免不正确的、不合适的或者无效的变更反映在费用线上。

（3）确保合理变更请求获得同意，当变更发生时，管理实际的变更。

（4）保证潜在的费用超支不超过授权的项目阶段成本和项目成本总预算。

成本控制还应包括寻找成本向正反两方面变化的原因，同时还必须考虑与其他控制过程如项目范围控制、进度控制、质量控制等相协调，以防止不合适的费用变更导致质量、进度方面的问题或者不可接受的项目风险。坚持问题导向是源头活水，坚持系统观念是基本方法，坚持胸怀天下是格局境界。

成本控制的数据流向如图 6-6 所示。

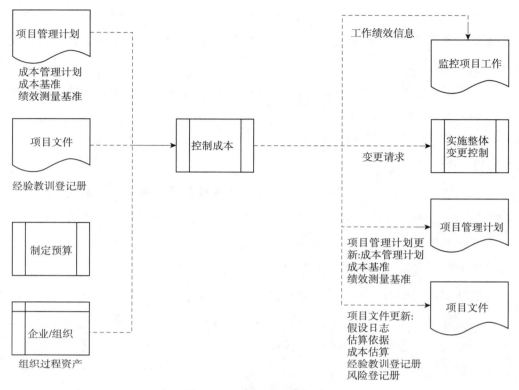

图 6-6   成本控制的数据流向

进行成本控制的依据有以下几个方面。

（1）项目成本基准。又称费用线，是按时间分段的项目成本预算，是度量和监控项目实施过程中项目成本费用支出的最基本的依据。

（2）项目执行报告。提供项目范围、进度、成本、质量等信息，是实施项目成本分析和控制必不可少的依据。

（3）项目变更申请。很少有项目能够准确地按照期望的成本预算计划执行，不可预见的各种情况要求在项目实施过程中重新对项目的费用做出新的估算和修改，形成项目变更请求。只有当这些变更请求经各类变更控制程序得到妥善的处理，或增加项目预算，或减少项目预算，项目成本才能更加科学、合理，符合项目实际并使项目成本真正处于控制之中。

（4）项目成本管理计划。确定了当项目实际成本与计划成本存在差异时如何进行管理，是对整个成本控制过程的有序安排，是项目成本控制的有力保证。

2. 成本控制的方法——挣值管理

项目的挣值管理，是进行项目绩效评价的一种工具。它是用与进度计划、成本预算和实际成本相联系的三个独立的变量进行项目绩效测量的一种方法。它综合考虑了范围、时间、成本等数据。它比较计划工作量、WBS 的实际完成量（挣得）与实际成本花费，以决定成本和进度绩效是否符合原定计划。它实际上是一种综合的绩效度量技术，既可用于评估项目成本变化的大小、程度及原因，又可用于对项目的范围、进度进行控制，将项目范围、费用、进度整合在一起，帮助项目管理团队评估项目绩效。该方法在项目成本控制中的运用，可确定偏差产生的原因、偏差的量级和决定是否需要采取行动纠正偏差。

挣值管理法包括为项目的 WBS 中的每个活动或总结性活动计算三个数值。

（1）PV（planned value，计划值）。为计划工作分配的经批准的预算，它是为完成某活动或工作分解结构组成部分而准备的一份经批准的预算，也叫作预算成本；PV 的总和，也就是项目的总计划价值又被称为完工预算（budget at completion，BAC）。

（2）AC（actual cost，实际成本）。在给定时间段内，执行某项活动而实际发生的成本。

（3）EV（earned value，挣值）。对已完成工作的测量值，指实际完成工作量的预算值。

利用这三个数值，可以做出以下分析。

偏差分析：探测项目中数据现状、历史记录和标准值之间的偏离，主要包括进度偏差（schedule variance，SV）和成本偏差（cost variance，CV）。

$$SV= 挣值 - 计划值 = EV - PV$$

$$CV= 挣值 - 实际成本 = EV - AC$$

其中：

SV>0，表示实际完成工作量超过计划值，即进度提前。

SV<0，表示实际完成工作量小于计划值，即进度拖延。

SV=0，表示实际完成工作量等于计划值，即符合计划进度。

CV>0，表示实际使用费用小于计划费用，即成本节省。

CV<0，表示实际使用费用大于计划费用，即成本超支。

CV=0，表示实际使用费用等于计划费用，即符合成本计划。

绩效分析：测量期望绩效与当前绩效之间的差距，主要包括项目的进度绩效指数（schedule performance index，SPI）和成本绩效指数（cost performance index，CPI）。

$$\text{SPI= 挣值 / 计划值 =EV/PV}$$
$$\text{CPI= 挣值 / 实际成本 =EV/AC}$$

其中：

SPI>1，表示进度提前。

SPI<1，表示进度延误。

SPI=1，表示实际进度等于计划进度。

CPI>1，表示低于预算。

CPI<1，表示超出预算。

CPI=1，表示实际费用与预算费用吻合。

变更分析：根据已经完工部分的绩效指数对变更后的完工成本和完工时间进行估算，主要包括完工估计成本（estimate at completion，EAC）和完工估计时间：

$$\text{EAC=BAC/CPI}$$
$$\text{完工估计时间 = 项目预估时间 /SPI}$$

在挣值分析中，对计划值、挣值和实际成本这三个参数，既可以分阶段（通常是以周或者月为单位）进行监督和报告，也可以针对累计值进行监督和报告，画出 S 曲线，如图 6-7 所示。

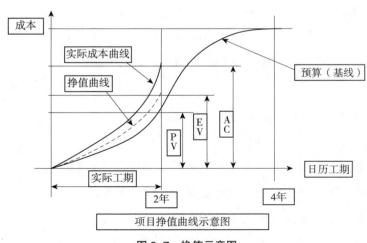

图 6-7　挣值示意图

3. 成本控制的结果

（1）成本估算更新。更新成本估算是为了管理项目的需要而修改成本信息，成本计划的更新可以不必调整整个项目计划的其他方向。更新后的项目计划活动成本估算是指对用于项目管理的费用资料所做的修改。如果需要，成本估算更新应通知项目的利害关系者。

（2）成本预算更新。在某些情况下，费用偏差可能极其严重，以至于需要修改费用基准，才能对绩效提供一个现实的衡量基础，此时预算更新是非常必要的。预算更新是对批准的费用基准所做的变更，是一个特殊的修订成本估计的工作，一般仅在进行项目范围变更的情况下才进行修改。

（3）纠正措施。纠正措施是为了使项目的预期绩效与项目管理计划一致所采取的所有行动，是指任何使项目实现原有计划目标的努力。费用管理领域的纠正措施经常涉及调整计划活动的成本预算，如采取特殊的行动来平衡费用偏差。

（4）经验教训。费用控制中所涉及的各种情况，如导致费用变化的各种原因、各种纠正工作的方法等，对以后项目实施与执行是非常好的案例，应该以数据库的形式保存下来，供以后参考。

在市场经济中，项目的成本控制不仅在项目控制中，而且在整个项目管理乃至整个企业管理中都有着重要的地位。企业的成就通常通过项目来实现，而项目的成就通过盈利的最大化和成本的最小化来实现。

在贯穿整个项目过程进行成本控制时，负责人员应该保持适当的公开透明，及时同步成本方面的进程给相应的干系人，保证项目成本支出的有迹可循。有效避免成本控制的失误导致的项目失败，以及及时阻拦项目过程中的腐败行为。

由于成本、进度和资源三者密不可分，项目成本管理系统决不能脱离资源管理和进度管理而独立存在，相反要在成本、资源、进度三者之间进行综合平衡。要实现这种全过程控制（事前、事中、事后）和全方位控制（成本、进度、资源），离不开及时、准确的动态信息的反馈系统对成本、进度和资源进行跟踪报告，以便于进行项目经费管理和成本控制。

本章小结

项目成本管理是数字媒体项目的一个传统上的弱项。数字媒体项目经理必须承认成本管理的重要性并理解基本的成本概念、成本估计、成本预算和成本控制。

本章主要从成本管理的过程，包括成本资源计划、成本估算、成本预算和成本控制几方面来讲述项目的成本管理注意事项。作为一个项目经理，为了有效地管理项目成本，应该要了解成本管理准则，制定合理科学的成本预算，在全生命周期实施成本控制，使项目顺利完成。

思考题

1. 成本管理需要经过哪些流程？

2. 在估算成本的过程中，哪些因素需要被纳入考虑？

3. 项目成本出现偏差时，项目经理可以通过哪些方式进行调整？

4. 项目成本预算和项目成本估算的区别与联系是什么？

5. 举例说明成本来自哪些方面。

即测即练

第 7 章　数字媒体项目的质量管理

🔍 **学习目标**

1. 了解数字媒体项目质量管理的概念、数字媒体项目质量管理同传统质量管理的区别。

2. 熟悉项目质量管理过程中质量规划、质量保证、质量控制的方法和学习质量管理的方法、技术和工具。

🔍 **能力目标**

1. 提升质量管理相关的方法、技术和工具的使用能力。

2. 具备运用相关质量管理知识发现质量问题、找出影响质量问题的因素的能力。

🔍 **思政目标**

1. 质量管理过程中，增强读者"小误差"往往会差之毫厘、谬以千里的责任意识。

2. 质量管理过程中需要树立标准化的科学管理意识。

3. 牢记质量管理要点，提升质量服务意识和团队协作能力。

🔍 **导入案例**

某公司的超高清视频分享平台近来遭遇事故，服务器中断数小时。

2022 年 2 月，一些平台上的用户发现他们的账号无法正常使用，无法进行正常的分享和下载视频，服务中断长达 8 个小时，不少用户登录时收到报错信息。这是该公司历史上最大的一次服务中断事故。此前，该公司还存在未经审核的视频直接能被显示在用户的界面、用户下载付费视频无须付费等情况，对该平台造成了一定的损失和口碑问题。

虽然公司负责人在公共社交平台上向用户道歉，该公司首席技术官随后也向用户道歉，称他们"遇到了网络问题，团队正在尽快进行调试和恢复"，但接二连三的问题，依然造成了部分用户流失的情况，并形成了不好的口碑传播。

思考：

1. 项目经理应该如何把控项目的质量？

2. 在项目中质量管理是否项目成败的关键环节？

7.1 质量及质量管理

7.1.1 质量及质量管理的概述

1. 质量的概念

质量是一切精神与物质产品的生命线，对数字媒体产业也不例外。当前我国数字媒体产业的发展正处于繁荣昌盛时期，党的二十大报告明确指出：中国式现代化的本质要求"实现高质量发展"，"创造人类文明新形态"。

从术语的特性来说，狭义的质量指的是产品质量；广义的质量除产品质量外，还包括过程质量和工作质量。因此，可以说质量就是产品、过程或服务满足规定要求的优劣程度。要求包括明示需要和隐含需要。明示需要是指在合同环境中，用户明确提出的需要和要求，通常是通过合同、标准、规范、图样、技术问题所做出的明确规定；隐含需要则应加以识别和确定，具体地说，是指用户的期望，也是指那些人们公认的、不言而喻的、不必做出规定的"需要"，如电视台必须支持 IE 浏览器和能够在线用流媒体播放软件播放的基本功能。需要随时间、环境的变化而变化，因此，应定期评定质量要求，修订规范，开发新产品，以满足已变化的质量要求。

项目质量管理是一个难以定义的知识领域。国际标准化组织（ISO）将质量定义为"一个实体满足规定和潜在需要能力的特性的总和"（ISO 8042：1994），或者"一组内在的特征符合要求的程度"（ISO 9000：2000）。很多人花费数小时琢磨这些定义，但仍然感到迷茫。其他专家是基于需求符合性及适用性来定义质量的。符合要求是指项目的实施过程和产品符合事先确定的细节。例如，如果项目范围说明书要求交付 20 集规定内容、剧情的动画宣传片，那么你就可以轻松地检查核实动画片是否已经交付。如图 7-1 所示，视频管理平台中的很多因素项都可以影响平台的质量。

·系统重载丢包率： 小于百万分之一（此项指标全球第一）
·系统带宽利用率： 大于90%（重载流媒体网络）
·超低网络延时： 微秒级全线速交换机
·服务操作响应时间： 小于1秒钟（无下载等待，有线电视的感觉）
·终端入网响应时间： 小于10秒钟（即插即用，无须配置）
·退网或故障检测响应时间： 小于5秒钟
·每户保证带宽： 16Mbps（每户多台电视，包括高清）
·广播电视同时收看比例： 100%用户
·点播节目同时收看比例： 50%用户（可设定）
·电视通信同时使用比例： 50%用户（可设定）

图 7-1 影响数字媒体项目质量的因素

数字媒体的质量以固有的信息属性和物质属性构成其基本特征。质量是衡量特定媒体优劣、满足消费者社会、信息层面需求程度的准则和尺度。数字媒体的质量内涵，实质上是用户群体对数字媒体满足程度的客观评价，反映了数字媒体的社会综合效应。

2. 质量管理的概念

质量管理是对确定和达到质量标准所必需的全部职能与活动的管理，包括质量方针的制定及所有产品、过程或服务方面的质量保证和质量控制的组织、实施。同时，质量管理是项目管理的补充。质量管理和项目管理的共同点是客户满意。

3. 质量控制和质量保证

质量控制即对质量的管理。质量控制主要采用数理统计方法将各种统计资料汇总、加工、整理，得出有关统计指标、数据，来衡量工作进展情况和计划完成情况，找出偏差及其发生的原因，采取措施达到控制的目的。

质量控制的工作内容包括技术和活动，也就是专业技术和管理技术两个方面。围绕产品质量形成全过程的各个环节，对影响工作质量的人、机、料、法、环五大因素进行控制，并对质量活动的成功进行验证，以便及时发现问题，采取相应措施，尽可能地减少损失。因此，质量控制应贯彻预防为主与检验把关相结合的原则。必须对干什么、为何干、怎么干、何时干、何地干等做出规定，并对实际质量活动进行监控。因此，数字媒体质量要求随时间的进展而在不断变化，为了满足新的质量要求，就要注意质量控制的动态性，随需求的变化及时改进，研究新的控制方法。质量控制是一个动态的技术和活动。

质量保证是向顾客保证企业能够提供高质量的产品。质量保证帮助企业建立质量信誉，同时也大大强化了内部质量管理。质量保证与质量管理、质量控制的区别是质量控制注重监测，质量控制和质量管理均侧重内部，质量保证主要是让外部相信质量管理是有效的。

质量保证是质量管理的一个组成部分。质量保证的目的是为产品体系和过程的固有特性达到规定要求提供信任。所以质量保证的核心是向人们提供足够的信任，使顾客和其他相关方确信组织的产品、体系与过程达到规定的质量要求。

7.1.2　数字媒体环境下的项目质量管理

我国在"十四五"规划中提出"我国已转向高质量发展阶段"，这就要求我们立足全新的历史阶段，深刻认识由量到质的内涵与规律。产品质量的高低决定着一个民族的形象和声誉，国家的竞争也是质量的竞争，要实现中华民族的伟大复兴，需要全员参与，推行质量管理，人人都是建设者，实现中国制造到中国"质"造。

数字媒体项目的核心是对数字媒体产品（包括作品和产品本身）与过程进行评估，数字媒体产品项目质量评估是数字媒体生产中技术含量最高、决定着产品转换成运营产品以及产业规模和开发深度的"黄金环节"。数字媒体的特点之一就是巨大的个性化差异，通常被称为不确定性。所谓不确定性，即类似的产品却出现不一样的质量效益，如同一作者同类题材作品的质量效益存在着较大差别。但这只是基于单一因素的表面现象。实际上，数字媒体产品项目质量受诸多因素的影响，是一个多因素作用的结果。理论上，决定数字媒体产品价值的基本因素主要包括人、机、料、法、环五个方面。

由于数字媒体产品的多样性，产品质量也就具备多样性，这种多样性包含数字媒体产品（如多媒体终端）、数字媒体信息内容（如多媒体作品）、数字媒体制作过程等，因此很难用一个共有的质量特征来对项目质量管理进行定义。

项目的质量管理工作是一个系统过程，实施过程中必须创造必要的资源条件，使之与项目质量要求相适应。各职能部门及实施单位要保证工作质量和项目质量，实行业务工作程序化、标准化和规范化。支持质量部门独立地、有效地行使职权，对项目全过程实行质量控制。数字媒体项目质量管理如图 7-2 所示。

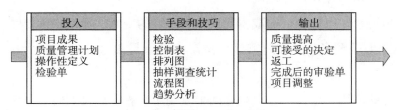

图 7-2　数字媒体项目质量管理

7.2　质量管理的过程

项目的质量管理主要是为了确保项目按照最初制订的项目计划和项目目标来完成，在这一过程中项目管理主要依赖于质量计划、质量保证、质量控制等来确保达成整体项目目标。

7.2.1　质量计划

1. 制订质量计划

编制项目的质量计划，首先必须确定项目的范围、中间产品和最终产品，然后明确关于中间产品和最终产品的有关规定、标准，确定可能影响产品质量的技术要点，并找出能够确保高效满足相关规定、标准的过程方法。项目质量计划是质量策划的结果之一，规定与项目相关的质量标准、如何满足标准、由谁及何时应使用哪些程序和相关资源。质量计划输入、工具与技术及输出的关系如图 7-3 所示。

输入	工具与技术	输出
1.质量方针	1.成本效益分析	1.质量管理计划
2.范围说明书	2.标准对照	2.工作定义
3.产品描述	3.流程图	3.核对表
4.标准与规章制度	4.实验设计	4.送往其他过程
5.其他过程的产出	5.质量成本	的投入

图 7-3　质量计划输入、工具与技术及输出的关系

2. 质量计划的方法

项目质量计划的编制既要有一定的依据，同时也需要使用一定的技巧方法。

试验设计（design of experiments），也称为实验设计，是一种质量统计技术方法。从 20 世纪 20 年代罗纳德·费雪（Ronald Fisher）在农业试验中首次提出，到六西格玛管理在世界范围内蓬勃发展，试验设计在学术界和企业界均获得了崇高的声誉。它以比较低的成本找到重大影响的变量，有助于确定哪些变量对总体结果产生最大影响。知道哪些变量影响结果是质量计划的一个非常重要的部分。

试验设计多用于项目产品上，有助于改变所有影响质量的重要因素，而非只改变一个重要因素，同时有助于揭示影响结果的因素。例如，在数字媒体产品进行制作的过程中都会经过渲染，那么设计师可能会判断，用哪些器材组合起来会在合理的成本下节省时间。也可将试验设计应用于项目管理问题，如成本和进度权衡。

产品质量的高低主要是由设计决定的，一个好的试验设计包含以下两个方面。

（1）质量计划强调针对纠正措施进行的沟通交流，以确保质量管理易于理解，并且是完整的。在项目质量计划中，重要的是描述那些直接有助于满足客户需求的重要因素。与质量相关的组织政策、特定项目的范围说明书及产品描述，还有相关标准及规定等，都是质量计划过程的重要输入。

（2）质量计划中必须确定有效的质量管理体系，明确质量监控人员对项目质量负责和各级质量管理人员的权限。戴明环作为有效的管理工具在质量管理中得到广泛的应用，它采用计划—执行—检查—处理的质量环，质量计划中必须将质量环上各环节明确落实到位，才能保证质量计划的有效实施，如图 7-4 所示。

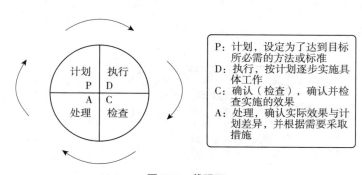

图 7-4　戴明环

7.2.2　质量保证

质量保证涉及满足项目相关质量标准的所有活动。质量保证的另一目标是持续的质量改进。

从国际上看，各国对质量高度重视，如日本的"戴明奖"、美国的"波多里奇国家质量奖"、欧洲的"质量管理基金会卓越奖"。中国也已经从数量扩张阶段进入质量提升阶段，质量提升需要企业创新、经济转型、全过程实施质量管理。很多企业理解质量保证的重要性，也知道必须以有竞争力的价格生产这些产品和服务，为在当今竞争性的商业环境中获得成功，优秀的企业树立了自己的最佳实践，并通过评价其他组织的最佳实践来持续改进自己的经营方式。

质量保证的一个重要工具是质量审计或审核。

质量审计是对具体质量管理活动的结构性的评审，这有助于确定可吸取的教训，并且可以改进目前和未来的项目绩效。质量审计可以是预先安排的，也可以是随机进行的。工程师通常通过帮助设计项目的具体量度，然后在整个项目中应用和分析量度，以此实施质量审计。例如，一个视频管理服务平台的项目，可以使用质量审计来强调项目的主要目标，然后跟踪实现那些目标的进程。项目质量专家团队管理项目的各个方面。测量视频发布所消耗的时间、流程的易用性有助于项目专家团队判断平台是否合乎用户的应用。质量保证输入、工具与技术及输出的关系如图 7-5 所示。

图 7-5　质量保证输入、工具与技术及输出的关系

7.2.3　质量控制

1. 质量控制的概念

项目质量控制是指对项目质量实施情况的监督和管理，尽管质量控制的一个主要目标是改进质量，但这一过程的主要输出是接受决定（acceptance decisions）、返工（rework）及过程调整（process adjustments）。

接受决定是指确定作为项目一部分的产品和服务是予以接受还是予以拒绝。若接受，就认为它们是经过审定的可交付成果；若项目的利益相关者拒绝了作为项目一部分的一些产品或服务，那就必须返工。

返工是为了使不合格的项目符合产品的要求、规格或利益相关者的期望而采取的行动。返工通常会导致需求变更及经过批准的缺陷修复，而后者来源于建议的缺陷修复以及纠正预防措施。返工花费巨大，因此项目经理必须努力做好质量规划和质量保证工作，以避免出现返工的现象。

过程调整是指基于质量控制所做的测量，纠正或阻止出现更多的质量问题。过程调整通常通过质量控制测量来纠正，一般会引起质量基线、组织过程资产及项目管理计划的更新。

2. 质量控制的方法

质量计划确定后，按照其建立的质量管理体系，按照 PDCA 质量环的要求，实施有效的质量控制。质量控制应贯穿于项目的整个过程，它可分为检测和控制两个阶段：检测的目的就是收集、记录和汇报有关项目质量的数据信息；控制就是使用质量监测提供的数据，进行控制，确保项目质量与计划一致。

对质量检测的结果应采用相应的统计方法进行分析，如帕累托图法（按发生频率排序的直方图，它显示了可识别原因的种类和所造成的结果的数量）等。通过统计分析对人、机、料、法、环等影响项目质量的因素进行监控，确定项目实施过程是否在控制之中，同时进行趋势分析，对一些偏向于不合格的趋势及早进行控制。

质量控制阶段应根据验收数据做出验收决定，确定是否进入下一步工序。对于质量审计中发现的不合格，应及时利用"因果分析图"等方法分析原因，并进行适宜的处置，保证不合格得到识别和有效的控制。不合格处置包括返工、返修、降级、让步放行、报废等形式。

质量检测分析时，对于已发现的不合格或潜在不合格，应制定相应的纠正措施或预防措施，以消除不合格或潜在不合格的情况，防止不合格的发生。纠正措施或预防措施制订后，应对质量计划进行相应的调整，保证项目的顺利实施。质量控制输入、工具与技术及输出的关系如图 7-6 所示。

项目质量控制的方法有很多，最常用也最直接的方法是检查，包括为确定项目的各种结果是否符合用户需求所采取的诸如测量、检查和测试等活动，其中既

输入	工具与技术	输出
1. 工作结果 2. 质量管理计划 3. 工作定义 4. 核对表	1. 检查 2. 控制图 3. 帕累托图 4. 统计抽样 5. 流程图 6. 趋势分析	1. 质量改进 2. 验收决定 3. 返工 4. 完美的核对表 5. 过程调整

图 7-6　质量控制输入、工具与技术及输出的关系

可能检查单个活动的结果，也可能检查项目的最终产品的结果。

采用相应的控制方法，使项目质量及时纠偏，让项目质量能够和项目质量规划一致，以符合预期标准。整个质量控制的方法、检查技术与控制工具应用如下。

1）质量控制方法——测试

许多数字媒体专家把测试看作临近数字媒体产品生产末期的一个阶段。有些组织不是把各种力量投入项目的合理规划、分析及设计中，而是依靠仅在产品发布前的测试来确保一定程度上的质量。事实上，做测试几乎要贯穿系统开发生命周期的每个阶段，而不仅仅是在组织装送或将产品交付给用户之前。

新项目产品的质量测试可以以平台开发或者产品项目的制作流程的测试进行。图 7-7 显示了描述视频服务管理平台系统开发生命周期的一个方法。这个例子包括平台开发项目主要任务，显示了它们之间的相互关系。例如，每个阶段的测试或任务，包括测试计划，以确保平台的开发项目的质量。

（1）单元测试（unit testing）是测试每一个单个部件（经常是一个程序），以确保它尽可能没有缺陷。单元测试是在集成测试（integration testing）之前进行的。

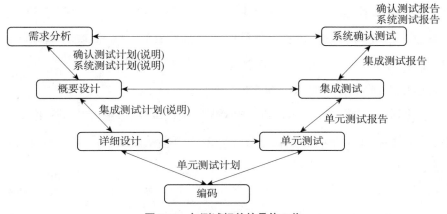

图 7-7　与测试相关的具体工作

（2）集成测试发生在单元测试和系统测试（system testing）之间，检测功能性分组元素。它保证整个系统的各个部分集合在一起工作。

（3）系统测试是指作为一个整体来测试整个系统。它关注宏观层面，以保证整个系统性能、正常工作。

（4）用户可接受性测试（user acceptance testing）发生在接近系统交付之前，是由最终用户进行的一个独立测试。它关注的是系统对组织的业务适用性，而非技术问题。

为提高产品开发项目的质量，对组织来说，重要的是要遵循一套全面、严格的测试方法。系统开发者及测试人员也必须与所有的项目干系人建立合作关系，确保系统能满足他们的需要和预期，且确保测试的合力完成。

2）检查技术——六西格玛

检查是指对产品进行检视来判断是否符合预期标准。一般来说，检查的结果包含度量值。检查可在任意工作层次上进行，既可以检查单个活动，也可以检查项目的最终产品。检查常常也被叫作评审、同行评审、审计或者走查，常用于验证缺陷修复的效果。

项目质量控制技术：六西格玛是一种改善企业流程管理质量的技术，以"零缺陷"的完美商业追求，带动质量成本的大幅度降低。

六西格玛是摩托罗拉公司发明的术语，用来描述在实现质量改进时的目标和过程。西格玛（σ）是统计员用的希腊字母，指标准偏差。

如在平台中对单一的视频内容进行错帧瑕疵率检查，理想的情况下，瑕疵率大约是 $3\sigma \sim 4\sigma$，以 4σ 而言，相当于每 100 万帧有 6 210 次差错帧。如果达到 6σ，就几近完美地达到消费者的质量要求。六西格玛理论认为，大多数平台系统在 $3\sigma \sim 4\sigma$ 运转，也就是说，每百万次操作失误在 6 210 ~ 66 800，这些缺陷要求电视台以总体收入的 15% ~ 30% 的资金进行事后的弥补或修正，而如果做到 6σ，事后弥补的资金将降到销售收入的约 5%。

为了达到 6σ，首先要制定标准，在管理中随时跟踪考核操作与标准的偏差不断改进，最终达到 6σ。现已形成一套使每个环节不断改进的简单的流程模式：界定、测量、分析、改进、控制。

六西格玛管理之所以能够取得成功，是因为实施六西格玛管理的企业以顾客为关注焦点，倡导企业建立以用户为中心的经营方针，强调顾客满意度。随着质量水平的不断提高，企业在市场上竞争力增强，顾客的忠诚度提升，市场的份额增大，企业获得更高的经济效益。

　　3）有别于传统媒体的检查技术——全检

　　项目质量控制的另一项技术是全检（有别于传统媒体的取样检验）。

　　数字媒体的互动性，使所有用户的行为都可以通过回传通道被记录在数据库中，形成用户行为的"大数据"，而这种以大数据为支撑的质量评估手段将更加准确、可靠。一方面，在样本的获取方式上，由于是通过回传通道自动获取，因此就避免了人为操控的发生，这就保证了数据来源的可靠性；另一方面，样本空间从"特定"变为"海量"，将大大减少（甚至可以说是消除了）由于"抽样"而带来的统计误差，从而提升了数据分析结论的可信度。

　　同样，数字媒体时代的项目管理的质量评价体系将会因为"大数据"迎来全新的变革，相较于传统的质量评价体系，这种体系必然更加精准、可靠。

　　4）控制工具应用

　　数据是质量控制基础，"一切用数据说话"才能做出科学的判断。用数据统计方法，收集、调整质量数据，有助于分析、发现质量问题，以便及时采取对策，预防和纠正质量问题。开展项目质量管理的过程中通常将因果图（cause and effect diagrams）、控制图（control chart）、运行图（run chart）、散点图（scatter diagram）、直方图（histogram chart）、帕累托图（Pareto chart）和流程图（flow charts）称为七种工具，目前仍广泛用于质量改进和质量控制。表 7-1 为项目质量情景和对应工艺方法，根据不同的质量情景应用相应的质量控制工具进行质量的控制。

表 7-1　项目质量情景和对应工艺方法

情景	使用工具
需要找出引发问题的原因	因果图、流程图
需要判断过程是否在控制内、是否出现了典型偏差	控制图
需要找出影响问题的关键原因，指导采取纠正行动	帕累托图（80/20 定律）
需要看产品是否符合要求，是否时间有限、费用有限	统计抽样

　　本节介绍著名的"七种基本质量工具"，并将它们应用于数字媒体项目。

　　（1）因果图。因果图是一种充分发动项目成员动脑筋、查原因、集思广益的好办法，也特别适合于项目团队中实行质量的民主管理。

因果图又称树枝图等，是一种逐步深入研究和讨论质量问题的图示方法。因果图是以结果作为特性、以原因作为因素，在它们之间用箭头来表示因果关系，如图 7-8 所示。

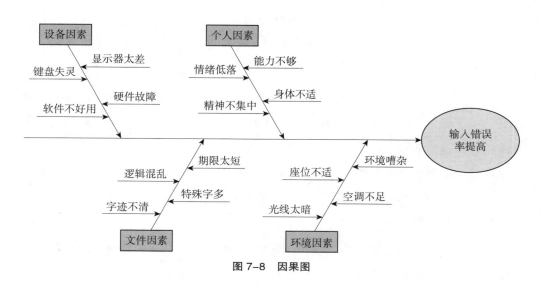

图 7-8　因果图

图 7-8 提供了一个因果图的例子。注意它和鱼骨的骨架相像，因此也称为鱼骨图。因果图列示了产生问题的主要领域：平台系统的硬件、用户的硬件或软件、用户的培训。这个图更详细地描述了这些领域中的两个因素：个人用户的硬件和培训。例如，使用 5 问（5why）法，你会首先问用户为什么不能进入系统，然后问他们为什么总是忘记密码、为什么他们没有检查保存密码的方框等。问题的根本原因将对解决问题采取的措施具有重大的影响。如果因为电脑没有足够的存储器使用户不能进入系统，那么解决问题的方法可能是为电脑升级存储器。如果用户不能进入系统是因为忘记了密码，可能需要一个更快速且便宜的解决方法。

（2）控制图（七点运行定律）。控制图主要是为了预防缺陷，而不是检测或拒绝缺陷。它决定一个过程是否稳定或者可执行，是反映生产程序随时间变化而发生的质量变动的状态图形，是对过程结果在时间坐标上的一种图线表示法。

例如，图 7-9 提供了对视频服务管理平台数据分析的控制图示例。它代表了一周中访问平台的客户流量。图上的每一点代表了平台的客户当前访问量。纵坐标的范围代表客户访问的具体数量。UCL 和 LCL 表示用户的上下数量限制，在本例中就意味着，平台对客户的访问量是有一定数量限制要求的。查找并分析生产数据中的规律是质量控制的一个重要部分。可使用控制图及七点运行定律寻找数据中的规律。

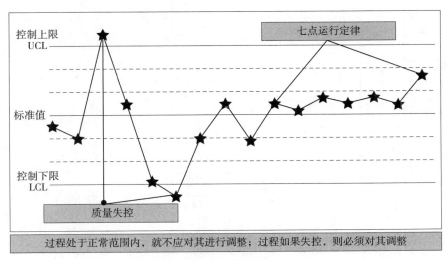

图 7-9　控制图

（3）运行图。运行图是一个展现一个过程在一段时间的历史和变化情况的模型，是一个按发生顺序画出数据点的线形图表。基于历史结果，使用运行图可以进行趋势分析，预测未来结果。图 7-10 展示了一个运行图样本，它是将缺陷按照每月的缺陷数来绘制成图。

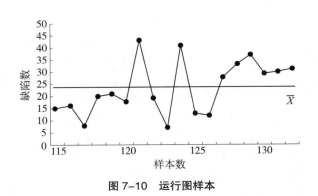

图 7-10　运行图样本

（4）散点图。散点图可以显示两个变量之间是否有关系。一条斜线上的数据点距离越近，两个变量之间的相关性就越强。例如，图 7-11 提供了一个散点图样本，这是项目管理团体根据视频服务管理平台收集统计的不同类型的问题的频数及累计百分比，看其是否存在某种关系。

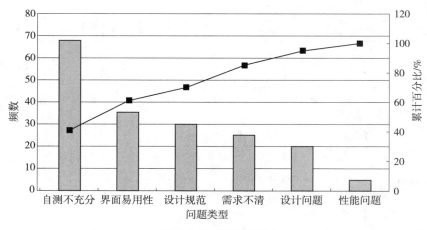

图 7-11　散点图样本

（5）直方图。直方图又叫柱状图（histogram diagram），是一个变量分布的条状图。每一个条形代表一个问题或情形的属性或特征，其高度代表其出现频率。直方图又称为条形图、质量分布图、矩形图、频度分布图、排列图等，由事件发生的频度组织而成，用于显示多少成果产生于已确定的各种类型的原因。

直方图方法是一种"基量整理"的方法，其不足是不能反映质量的动态变化，且对数据的量的要求较大。图 7-12 展示了一个直方图样本。

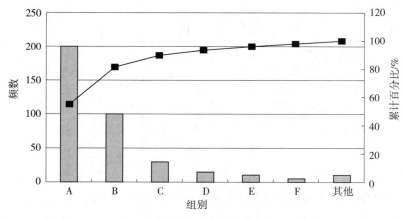

图 7-12　直方图样本

（6）帕累托图。帕累托图又叫排列图（直方图的一种），是一种柱状图，按事件发生的频率排序而成。它显示出由于某种原因引起的缺陷数据的排列顺序，可找出影响项目产品或服务质量的主要因素。只有找出影响项目质量的主要因素，即项目组应该首先解决引起更多缺陷的问题，才能取得良好的经济效益。它把影响质量的主要因素分为三类，分别是 A 类、B 类和 C 类。其中，A 类是累计百分数在 70% ～ 80% 范围内的因素，它是主要的影响因素；B 类是除 A 类之外的累计百分数在 80% ～ 90% 范围内的因素，它是次要的影响因素；C 类是除 A、B 两类之外的累计百分数在 90% ～ 100% 范围内的因素。

帕累托图也是一个帮助鉴别问题和对问题进行优先排序的柱状图。这一柱状图描述的变量是按其发生的频率排序的。帕累托图能鉴别和解释一个系统中造成多数质量问题的少数重要因素。帕累托分析（Pareto analysis）有时也称为 80/20 定律，意思是 80% 的问题通常是由 20% 的原因造成的，如图 7–13 所示。注意，用户对登录问题抱怨的频率最高，其次是系统锁闭、系统太慢、系统难以使用及报告不精准。第一个问题的抱怨占总抱怨量的 54%。第一个问题和第二个问题的抱怨累加起来占到 81%，意思是这两个领域占抱怨量的 81%。因此，公司应重点使系统容易登录，以改进质量，因为大多数抱怨源于此类问题。公司也应关注系统为什么会锁闭，因为图 7–13 显示报告不精确。

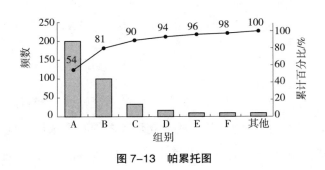

图 7–13 帕累托图

（7）流程图。流程图通过相应的工作流程来规范质量管理工作，直观明了。另外，流程图显示流程上不同因素之间怎样互相作用和互相影响，从而帮助项目团队来预测哪些质量问题要发生、可能发生在什么地方、应该采取什么样的办法解决问题。图 7–14 提供了一个流程图样本，展示了一个项目团队用于接受或拒绝可交付成果的过程。

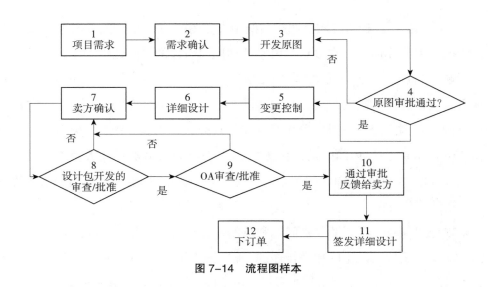

图 7-14   流程图样本

7.3   提高数字媒体项目的质量

除了考虑使用的质量计划、质量保证及质量控制外，在质量改进方面即提高数字媒体项目的质量中，还有一些其他重要事项。强有力的团队，认识质量成本，提供良好的工作场所，向着提升组织总体成熟度水平方向而工作，这些都有助于在数字媒体项目管理中提高质量。由于数字媒体项目的独特性，所以影响项目质量的五大因素中，干系人、质量成本、组织、工作场所等因素尤为重要。

7.3.1   干系人

随着国际化的进一步加剧和数字媒体形式的多元性，消费者的要求越来越高，以合理的价格快速制造优质的产品已成为立足商界的必要条件。良好的质量计划，有助于组织保持竞争优势。而为制订和实施有效的质量计划，管理者必须做出表率。质量问题在很大程度上与管理有关，而非单纯的技术问题。因此，管理者必须负责制订、支持并实施质量计划。

人的因素主要指领导者的素质，操作人员的理论、技术水平，生理缺陷，粗心大意等。项目中首要考虑对人的因素的控制，因为人是项目过程的主体，质量的形成受到所有参与项目的干系人高动态作用，他们是质量的主要因素。首先，增强项目干系人的质量意识。其次，提高项目干系人的质量素质。领导、技术人员的素质高，决策能力就强，具有较强的质量规划、目标管理、质量检查的能力；技术措施得力，产品质量就好。

通过对项目干系人的质量意识和质量素质的提高，能够很好地解决项目中由于项目干系人的因素所导致的质量风险，对所有项目干系人来说，重要的是要共同平衡项目的质量、范围、时间及成本因素。

7.3.2　质量成本

在制订质量管理计划时，需要权衡项目最后的质量与付出的成本。也就是说，质量是与成本相对应的。

质量成本是一致性成本（cost of conformance）与不一致性成本（cost of non-conformance）之和。一致性成本是指交付符合需求并适合使用产品所产生的成本。这种成本的例子包括与制订质量计划相关的成本，分析并管理产品需求的成本以及测试成本。不一致性成本是因没有达到预期质量而要进行的全部工作所造成的成本。质量成本解析如图 7-15 所示。

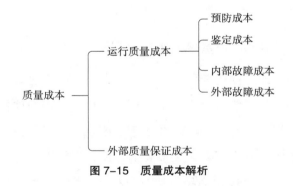

图 7-15　质量成本解析

1. 运行质量成本

（1）预防成本。预防成本（prevention cost）是为实现零件缺陷控制在可接受范围内所产生的计划编制和项目执行成本。这个类别下的预防措施包括：培训与质量相关的细节研究，以及有关供应商和分销商的质量调查。

（2）鉴定成本。鉴定项目的过程和产出，确保项目没有差错或者在一个可接受的出错范围内，这些活动所产生的费用就是鉴定成本（appraisal cost）。例如，产品的检测盒测试、维修检查和测试设备、处理和报告检测数据，这些活动都属于鉴定成本。

（3）内部故障成本。内部故障成本（internal failure cost）是在客户收到产品之前，纠正已识别出来的缺陷所引发的成本，如废弃和返工与延期交付相关的费用、由缺陷直接引发的存货成本、为改正与设计错误相关的设计更改成本、产品的早期失败、改正文档。

（4）外部故障成本。外部故障成本（external failure cost）是与所有在交付给用户之前未能检查出需要纠正的错误相关的成本，如保修成本、服务人员培训成本、产品责任诉讼、抱怨处理、未来的经营损失。

2. 外部质量保证成本

（1）当内、外故障成本大于70%，预防成本小于10%时，工作重点应放在研究提高质量的措施和加强预防性上。

（2）当内、外故障成本接近于50%，预防成本接近于10%时，一般来说，工作重点就应放在使质量水平维持和控制在现有水平上。

（3）当内、外故障成本小于40%，鉴定成本大于50%时，工作重点就应放在巩固工序控制的成效、简化检验程序、减少检查工作量上。分析质量成本各项目之间的比例关系后，找出质量成本的最佳值。

7.3.3　组织影响、工作场所因素和质量

项目组织是为完成共同的项目任务而联系在一起同心协力工作的人员组成的团体。一个成功的项目组织应该有合格的项目组长、明确的项目目标、良好的团队文化、相互信任的团队组织、顺畅的交流和沟通渠道、适当的奖励和惩罚措施，这些因素对项目组织的管理起着至关重要的作用，直接影响项目组织的管理和项目管理的成败。因此，可以说在项目执行过程中，项目组织发挥着重要的作用。项目组织管理的成败直接影响着项目的进度和最终的完成质量。

工作场所对于数字媒体产品（动画、影视作品、高科技产品）的环境要求很高（ISO 9001：2000 版 6.4 工作场所环境：组织应确定和管理为达到产品符合要求所需的工作环境）。工作场所环境也会影响产品的质量。例如，对音响进行调试时，周围环境应当很静。

工作绩效和项目失败的主要问题不是通常的技术原因，而是社会因素。项目质量管理常常淡化"办公室政治"，给聪明的人们提供物理空间、智力责任及战略指导，然后让他们去工作就是了。管理的功能不是强制人们工作，而是通过消除

"政治障碍"，使人们可以安心去工作。

7.3.4　质量的期望和文化差异

每个项目总是拥有同样的总体目标：质量、时间、范围和成本（数字媒体项目的思维约束在第 1 章和第 5 章有详细描述。）

四者是一个相互制约、相互影响的统一体，其中任一项目标变化，都会引起另三个目标变化，并受其制约。如何合理地保证项目质量，正确处理质量与时间、范围、成本之间的矛盾是项目质量管理的一个难点，这需要整合项目所有方面的内容，保证按时、低成本地实现预定的质量目标。

不同的项目发起人、顾客、用户及其他利益相关者对项目的各个方面都有不同的期望。非常重要的一点是，理解这些期望，管理由于期望的不同而可能引发的任何冲突。

🔍 本章小结

数字媒体项目是以用户为中心的质量评价体系。项目质量管理包括质量计划、质量保证和质量控制。质量计划确认哪项质量标准与项目有关及如何满足这些标准。质量保证是评价总体及项目的绩效，确保项目满足相关质量标准。质量控制是检验具体的项目结果，确保其符合质量标准，明确改进整体质量的方法。在质量控制中，矛盾的对立与统一规律随处可见。如正误差与负误差、正相关与负相关、合格品与不合格品、受控与失控、主要原因与次要原因、控制上限与下限，在实际的质量管理中，必须准确把握对立统一的关系。质量管理人员需要通过发散思维，展开头脑风暴，分析影响质量的成因，从而抓住主要矛盾，寻找措施，促进问题解决，做好项目过程中的质量管理。

数字媒体项目是持续的质量改进过程。强调质量意识的干系人有助于强化质量的重要性。理解质量成本为质量改进提供了一个动力。提供一个好的工作场所可以提高质量和生产率。理解利益相关者的期望与文化差异也和项目的质量管理相关。

🔍 思考题

1.数字媒体质量管理与传统的质量管理有什么不同？

2. 如何提高数字媒体项目管理的质量?

3. 数字媒体项目的质量检查技术与传统质量检查技术的区别是什么?

4. 在数字媒体项目质量管理中,持续质量改进需要注意哪些事项?

5. 在数字媒体项目质量管理中,质量控制需要注意哪些事项?

 即测即练

第 8 章　数字媒体项目的风险管理

🔍 **学习目标**

1. 了解项目风险管理的概念，明确项目风险管理的主要工作和意义。

2. 了解风险量化方法，运用数字媒体项目风险的应对方法来解决问题。

3. 掌握实地风险调研方式，衡量风险发生概率。

🔍 **能力目标**

1. 具备识别项目管理风险因素的能力。

2. 提升应对数字媒体项目风险方法的实施能力。

3. 掌握实地调研风险发生概率的方法。

🔍 **思政目标**

1. 数字媒体项目选择及实施过程中必须要遵守国家法律法规，提升项目团队成员的法律意识和道德修养水平。

2. 数字媒体项目组在风险管理过程中必须实事求是，诚信管理，对任何风险不欺骗隐瞒，恪守规则。

🔍 **导入案例**

张工是一家初创型 IT（互联网技术）公司总经理，公司从事沉浸式数字媒体应用程序开发和提供全方位的技术服务。

公司近来在合同方面遇到了麻烦，已有合同用户对项目的要求经常发生变化，项目往往达不到预期经济效益和客户满意度。而挖掘潜在客户的成本越来越高，客户在合同没签订前就要求提前进行开发获得直观体验。公司因急需发展，希望获得更多盈利高的项目，在准备项目建议书及客户沟通方面投入大量的资源，却没有赢得几个合同，公司大部分员工没有承接项目却还发着工资，导致公司陷入经营困境。

思考：

1. 张工在项目风险管理中遇到了哪些问题？

2. 为了更好地理解项目风险，张工和他的公司应该做什么？

8.1 项目风险管理概述

8.1.1 风险管理的概念

在日常生活、学习和工作中，我们会遇到大大小小的项目。这些项目从计划到实现，整个过程中会遇到不同类别的风险，项目风险的识别对于一个项目的成功有积极的作用。项目风险管理是指通过风险识别、风险分析和风险评价去认识项目的风险，并以此为基础合理地使用各种风险应对措施、管理方法和技术手段。党的二十大报告中也强调"增强干部推动高质量发展本领""防范化解风险本领"，这是推进现代化建设进程中干部工作的重要遵循。因此强调高质量的风险防控举措能为高质量发展贡献力量，高质量的风险防控能妥善处理风险事件造成的不利后果。通过加强风险管理，加大风险排查，能有序推进项目中各项风险防控工作，以最少的控制成本保证项目总体目标实现。

风险是客观存在的，表现在它的存在是不以个人或组织的意志为转移的，究其原因如下。

（1）决定风险的各种因素对风险主体是独立存在的，不管风险主体是否意识到风险的存在，在一定条件下仍有可能变为现实。

（2）风险贯穿于整个项目，它存在于人类社会的发展过程中，潜藏于人类从事的各种活动之中，无论是传统媒体项目还是数字媒体项目都存在着风险。

（3）风险具有不确定性，风险的发生是不确定的。但是，风险一旦出现，就会使风险主体产生挫折、失败甚至损失，这对风险主体是极为不利的。

综上所述，研究项目风险管理是很有必要的。需要认识到风险具有可变性，在一定的环境下，项目的风险是可以转化的，不是一成不变的。项目风险会因为外部环境和内部环境的变化而产生变化。

8.1.2 项目风险管理的几个概念

项目运行过程中，风险无时不在，如市场环境的变化、赞助方人事的变动以及风险本身的变化等，这些因素都是不可避免的。因此，在进行风险管理的时候需要应用不同的策略，对识别风险进行有区别的管理。以下几个概念是项目经理应该掌握和理解的。

1. 风险的本性

风险的本性就是它的"不确定性"，虽然风险有时候可以预测，如天气预报中的台风，我们可以通过观察卫星云图来观察台风的形成及运动速度，这样就可能预测灾害发生的时间及其可能产生的危害程度。但同时，我们对风险又无法控制，虽然知道有台风，但也不能阻止它的到来。

2. 风险管理的出发点

风险源于项目本身及其所处的环境，所以，风险管理的出发点就是采取必要的措施降低其发生的可能性及其影响的严重程度。

3. 风险管理的实质

风险管理的实质在于责任到人，具体来说就是要制订风险状态由谁跟踪、风险责任人由谁指定、风险方案由谁授权执行以及风险内部沟通由谁负责实施的方案。一个组织内部不仅要成立风险控制委员会，而且应该定义这些人的角色与责任，如表 8-1 所示。风险责任人不一定是项目团队成员，但是他们必须有经验，可以为风险管理提供帮助。

表 8-1 风险管理角色及责任一览表

干系人（姓名）	风险管理（角色）	项目角色	责任	
	风险经理	项目指导委员会	跟踪项目风险	授权应急启动
			安排风险责任人	风险内部沟通
		项目委托人	跟踪项目风险	授权应急启动
			安排风险责任人	风险内部沟通
		项目经理	跟踪项目风险	授权应急启动
			安排风险责任人	风险内部沟通

4. 风险管理的代价

风险应对方案启动后就意味着项目进入变更管理时期,任何应急方案的实施都意味着项目额外的花费。所以,风险管理的本质就是如何以最低的代价来最好地控制和管理项目运行中的风险。

项目经理对这几个概念的认识,有助于其更好地进行项目管理。一般来讲,只要通过系统的成本效益分析来制订相对优化的风险管理方案,并与相关项目干系人进行充分沟通,就可以有效提高应对风险的能力和效率。

8.1.3 项目风险管理的重要性

一个良好的风险管理有助于降低决策错误的概率、避免损失,提高企业自身的价值。风险管理有着极其重要的作用,由于项目环境的复杂性和不确定性变化的加剧,项目面临的各类风险能否被很好地控制将成为决定项目成败的关键。具体地讲,项目风险管理具有以下重大意义。

1. 保证项目总体目标实现

项目风险管理的目标定位于使项目获得成功,为项目实施创造安全的环境,以降低项目成本、稳定项目效益、保证项目质量以及使项目尽可能按照计划实施,使项目始终处于良好的受控状态,因而风险管理的目标与项目的总体目标是一致的。风险管理把项目风险导致的不利后果减少到最低程度,为项目总体目标的实现提供了保证。

2. 有助于理解项目建设意图

在风险管理过程中进行风险分析时,要收集、检查、积累所有相关的资料和数据,了解各类风险对项目的影响,才能制订有针对性的措施。这既能使有关人员明确项目建设的前提和假设以及拟订实施方案的利弊,又能加深对项目建设意图的领会,可以更好地实现项目的真正目标。

3. 应付突发事件、明确责任

风险分析是编制应急计划的依据,是项目管理人员在发生有重大影响的突发事件时,能第一时间主动控制事态的前提。风险管理能大大降低风险发生的可能性和带来的损失,也有利于明确各方责任,避免互相推诿而产生新的纠纷。

4. 提高经济效益,减少损失

重视并善于进行风险管理的企业往往也具有较新的管理理念,有较强的能力来降低发生意外的可能性，企业提高经济效益和项目管理水平，对于企业发展有着关键性的影响。

8.1.4　项目风险管理的原则

项目风险管理是项目管理中的重要工作之一。应该在一些风险管理的总体原则的指导下，运用系统方法对项目中的风险进行管理，来极大提高项目成功的可能性。项目风险管理的主要原则如下。

（1）系统性。应该识别、量化并评估可能给项目带来影响的因素或风险，可能影响项目的因素或风险包括所有人员、流程、技术、组织和环境。

（2）经济性。风险管理要考虑成本因素，要以管理的总成本最低为目标，也就是说要考虑风险管理的经济性。这就要求管理人员以经济合理的处理方法将控制风险损失的费用降到最低，对各种费用进行科学、合理的分析。

（3）偏执性。偏执是指看待项目的观念。没有谁会愿意托起管理项目风险的责任，这个重任自然就要落在高效的项目经理身上。因此，项目经理必须谨慎审视自己的项目，同时需要确保项目按计划执行。

（4）满意性。无论在项目上投入多少人力、物力和财力，项目的不确定性是一定的。所以，在项目风险管理的过程中，不能要求完全的确定性，要允许一定的不确定性存在，也就是说，一定要达到满意的程度。

（5）适当性。风险管理的水平、类型和可见性应该与风险级别以及项目对组织的重要性一致，应对风险的成本不应大于风险事件可能带来的损失。

（6）社会性。在制订项目风险管理计划和实施项目风险管理措施时，必须考虑周围的环境与项目相关的一切单位、个人等对项目风险的要求。同时，还要使项目风险管理的每一个步骤符合相关的法律、法规。

（7）连续性。风险的识别是一个不断重复的过程，在整个项目过程中反复执行，而不是仅仅在项目开始时执行。

8.2　项目风险识别

8.2.1　项目风险的类别

在数字媒体项目风险识别中包含两方面内容：识别有哪些风险可能影响项目

进展及记录具体风险的各方面特征。风险识别无论是在传统项目管理中还是在数字媒体项目管理活动中都不是一次性行为，而应有规律地贯穿于整个项目开发过程的不同阶段。

由于数字媒体项目与以往的传统项目在制作流程、传播途径和监测等方面都存在着差别，所以在数字媒体项目管理中，风险源与传统项目中的风险源有所差异。但是在数字媒体项目管理过程中，只有了解风险源有哪些、在什么地方可能出现风险，才能在风险管理过程中保证项目按照计划完成，不至于对整个项目的进展造成严重影响，甚至导致项目失败。

按照一个数字媒体项目从计划到实施的过程，我们把常见的风险源大致可分为非系统风险和系统风险。

1. 非系统风险

所谓非系统风险，主要是指一些与数字媒体项目本身无关，但又会直接影响到数字媒体项目实施效果的客观因素造成的风险，它的作用范围可能会延伸至项目全过程。充分地认识和正确地处理非系统风险是数字媒体项目最终成功的关键。

在数字媒体项目实施整个过程中的非系统风险主要包括如下几类。

（1）政策风险。这是指中央政府或地方政府颁发了对数字媒体项目提供支持依据的条文产生全部或部分冲突的法规、文件或者为项目提供支持依据的条文失效的风险。数字媒体项目应该在国家政策范围规定内去实施，否则会引起不必要的风险。这种风险出现概率很低，对数字媒体项目的影响程度也很小。这种风险出现时的处理建议是，对于工期较长的数字媒体项目，遇到政策改变时要及时与项目的委托方进行沟通，尽量争取将项目纳入政策允许的范围。虽然数字媒体项目的时效性强，这种风险出现的概率相当小，但是我们也应该注意行业政策对项目规划实施的影响。

（2）领导决策风险。企业在对数字媒体项目进行决策时，有时候可能有高层负责人的个人意愿在其中起到作用。由于很难在一开始就得到高层负责人的指示，而每一级的项目负责人通常都会有自己的看法，因此经常出现项目实施已接近完成，却被项目负责人一票否决的情况。这种风险出现概率比较高，对数字媒体项目的影响程度比较大。对于数字媒体项目而言，处理建议时高层负责人考虑的多是战略层面的问题，项目负责人考虑的多是细节层面的问题，通常难以统一，在实际工作中考虑需求一次性确定基本是不可能的。因此在做方案的时候要尽量使架构灵活、可扩充性强。数字媒体项目开发尽可能采用构件或模块方式，增强可重用性，最大限度适应需求频繁变更。在项目正式实施前，多通过静态原型等手段汇报沟通，充分了解各级负责人的偏好后再确定方案。另外，在项目正式实施前要多沟通，阶段工作要常汇报，在让上级负责人决策前要尽量说明前期已完成的工作，并预先指出哪些变更会对数字媒体项目产生颠覆性的影响，以免上级负责人在未做详细了解的情况下主观表态。

（3）其他部门干预风险。这是指数字媒体项目在设计时未充分考虑外部因素，实施过程中其他部门以不符合某方面规划等理由对系统提出较大幅度的更改要求的风险。这种风险出现概率比较高，对数字媒体项目的影响程度比较大。这种风险出现时的处理建议是，建设前期尽量与各部门及所有可能涉及的业务部门加强沟通，全面征求意见，事先取得支持，同时在技术实现上尽可能采用开放标准和可以扩展的架构。

（4）战略改变风险。这是指数字媒体项目在实施过程中可能会因为领导部门发展战略改变，不再需要实施该项目的风险。这种风险出现概率很低，但是一旦出现，对数字媒体项目的影响程度非常大。这种风险出现时的处理建议是，只有大的人事变动或者大的政策变化才会影响到一个数字媒体项目的整体战略。

（5）进度风险。这是指数字媒体项目不能在预期的时间范围内完成任务的风险。数字媒体的特点导致项目在实施过程中会遇到一些风险，如项目对象的需求发生改变导致数字媒体项目需要在功能模块上进行修改。这种风险出现概率中等，对数字媒体项目的影响程度中等。这种风险出现时的处理建议是，尽量将项目切块，分清轻重缓急。因此需要严格控制实施方的计划，强化管理，根据实际情况采取并行实施或加班等方式保证领导要求或文件规定的上线工期，将一些不可见的隐蔽工程放在上线后实施。

（6）成本风险。这是指数字媒体项目在实施过程中投入超出预算范围的风险。数字媒体项目实施过程中由于采购发生变化可能导致成本的增加。这种风险出现概率中等，对数字媒体项目的影响程度中等。这种风险出现时的处理建议是，一方面控制需求；另一方面优化开发方式或创新管理，尽量降低人工成本。

（7）法律风险。这是指在数字媒体项目实施过程中，合作双方在许可权、专利、合同失效、诉讼等方面发生纠纷的风险。因为数字媒体项目大多是有一定技术含量的项目，而且更多采用外包的形式来开发，所以不可避免地会遇到法律方面带来的风险。这种风险出现概率很高，但是对数字媒体项目的影响程度比较小。这种风险出现时的处理建议是，很多数字媒体项目在协议中会约定知识产权归甲方所有，但是有些数字媒体项目委托方本身又不可能通过销售已建系统盈利。因此至少应保证产权共有，双方在签订合同时应仔细审核合同条文，明确责权，本着互利和推动产业发展的原则制定条款，不宜生搬硬套。

（8）不可抗力发生。数字媒体项目实施过程中可能有自然灾害、电信故障等不可抗力发生。这种风险出现概率极低，但是一旦出现，对数字媒体项目的影响程度非常大。这种风险出现时的处理建议是，天灾人祸纯属意外，如果是重要系统，应尽可能建议委托方设立异地容灾中心，以确保安全。

2. 系统风险

系统风险是指与数字媒体项目本身相关的人或事物对项目造成影响而产生的风险。数字媒体项目在不同阶段所面临的风险是不相同的。系统风险可能是由于委托开发方的原因造成的，也有可能是由于实施方的原因造成的。无论如何，问题都需要双方鼎力配合才能得到妥善解决。

1）数字媒体项目初始阶段的风险

（1）目标风险。这是指委托方或实施方对数字媒体项目目标不清晰，没有明确、实际的目标描述的风险。这种风险出现概率比较低，但是一旦出现，对数字媒体项目的影响程度比较大。这种风险出现后的处理建议是委托方和实施方要组织各种形式的专题论证会，确定考核目标实现的方法。

（2）范围风险。这是指委托方未明确数字媒体项目范围，需求外延不断变化的风险。这种风险出现概率比较高，对数字媒体项目的影响程度中等。这种风险出现时的处理建议是，由于委托方通常不是专业人士，同时数字媒体项目中很多项目都没有可参照样板，因此很容易出现项目范围不明确的情况。实施方需要帮助委托方完成对项目范围的界定，并在实施过程中控制范围，超出部分建议委托方分期实现。

（3）沟通风险。这是指数字媒体项目在实施过程中实施方缺乏与委托方沟通或委托方难以沟通造成理解偏差的风险。这种风险出现概率很高，对数字媒体项目的影响程度中等。这种风险出现时的处理建议是，实施方主动加强与委托方沟通，尝试通过会议、电子邮件、聊天工具等多种途径进行沟通。

（4）业务了解风险。这是数字媒体项目实施方需求分析人员知识缺陷、无法全面理解相关业务所造成的风险。这种风险出现概率中等，对数字媒体项目的影响程度相对较高。这种风险出现时的建议是，实施方的需求人员安排足够多的时间加强对与需求相关的业务的了解，避免无法理解需求的真实含义。可以引入可视化辅助工具尽量使双方的表达一致。

（5）需求理解风险。这种风险是数字媒体项目的实施人员没有对需求仔细研究，出现误解需求或部分理解需求等情况。这种风险出现概率中等，对数字媒体项目的影响程度中等。这种风险出现时的处理建议是，实施方的项目管理人员应组织所有参与人员集中讨论需求，并取得一致理解，通过静态原型等方式加强相互理解。

（6）可行性风险。这是由于时间仓促等原因，数字媒体项目实施方案没有进行可行性研究所造成的风险。这种风险出现概率中等，对数字媒体项目的影响程度比较大。这种风险出现时的处理建议是，重要项目请专业的机构和人员进行可行性分析，并出具相关报告。

（7）细节需求频繁变更风险。这是指数字媒体项目在实施过程中委托方不断变化需求细节，积少成多，产生很多额外工作量的风险。这种风险出现概率非常高，对数字媒体项目的影响程度中等。这种风险出现时的处理建议是，实施方要科学控制需求变更，通过项目组集体决策的方式确定变更，除了严重影响使用外，细节变更要批量修改，不要一事一改。

（8）需求变更缺乏管理风险。这是指数字媒体项目在实施过程中由于委托方缺少有效的需求变化管理导致项目风险的产生的风险。这种风险出现概率中等，对数字媒体项目的影响程度中等。这种风险出现时的处理建议是，实施方协助委托方加强对需求变更的管理，责任到人，签字确认。

（9）文档管理风险。这种风险的出现是因为数字媒体项目的实施方缺乏有效的文档管理体系。这种风险出现概率比较高，但是对数字媒体项目的影响程度相对较小。这种风险出现时的处理建议是，建立严格的文档管理制度，包含对错误的管理，建立完善的错误追踪管理系统。

（10）需求变更缺乏分析风险。这种风险的出现是因为数字媒体项目的实施方对需求的变化缺少和原始需求一样的分析过程。这种风险出现概率非常高，对数字媒体项目的影响程度比较小。这种风险出现时的处理建议是，项目的实施管理者要对所有需求的变更与原始需求一样重视，要逐条进行详细分析，确定对原设计的影响，全面变更实施计划后再进行变更实施。

2）数字媒体项目设计阶段的风险

（1）项目团队经验风险。这种风险的出现是因为数字媒体项目实施方的项目队伍缺乏经验，或缺乏有经验的核心技术人员。由于数字媒体项目的团队成员大多比较年轻，或多或少存在风险意识不足的缺陷。这种风险出现概率中等，对数字媒体项目的影响程度非常大。这种风险出现时的建议是，委托方加强对开发团队的建设，其中包括团队合作、组成人员资质和经验等。

（2）实施者自行变更风险。这是指项目的实施者根据自己的经验或由于考虑自身成本利益等在未得到委托方允许的情况下私自变更需求，而需求的实现方式存在风险。数字媒体项目的从业人员在开发过程中可能会加入自己的观点而改变最初的计划。这种风险出现概率极低，对数字媒体项目的影响程度中等。这种风险出现时的处理建议是，明确约定实施者不得随意变更委托方的需求，如需变更，需得到委托方的认可方可实施。

（3）计划风险。这种风险是数字媒体项目仓促计划，盲目制定工期，造成进度无法按计划控制。这种风险出现概率比较低，对数字媒体项目的影响程度中等。这种风险出现时的处理建议是，在数字媒体项目开发阶段要科学制订详细的开发计划，并经过共同论证后再严格实施，避免因为项目负责人个人原因导致此种风险的产生。

（4）漏项风险。这种风险的产生是由于数字媒体项目的设计人员疏忽某个功能模块没有考虑进去。这种风险出现概率较低，对数字媒体项目的影响程度中等。这种风险出现时的处理建议是，设计后需要多方复核，仔细对比需求说明书与设计说明书的各相关项。

3）数字媒体项目实施阶段的风险

（1）开发环境风险。这种风险的产生是数字媒体项目在开发软件环境没有准备好或与实际环境不同，导致产品无法装载到运行环境。数字媒体项目由于系统环境的不同可能会产生开发环境的风险。这种风险出现概率极低，对数字媒体项目的影响程度很大。这种风险出现时的处理建议是，技术人员确认双方运行环境是否一致，要精确到产品的版本号及补丁情况。

（2）整合风险。这种风险的产生原因是数字媒体项目实施中涉及对原有异构数据和系统的整合。这种风险出现概率中等，对数字媒体项目的影响程度较小。这种风险出现时的处理建议是，在实施前应做充分调查，了解相关系统的所有技术细节，采用比较成熟和稳定的整合方案，并制定接口规范，规划时尽量减少新系统的异构。

（3）设计风险。这种风险的产生是因为数字媒体项目在实施过程中由于系统设计错误带来实施困难。这种风险出现概率很低，但是一旦出现，对数字媒体项目的影响程度非常大。这种风险出现时的处理建议是，系统设计方案完成后，需要委托方组织成立技术专家组共同确认设计方案，及时发现设计漏洞。

（4）人员能力风险。这种风险的产生是因为数字媒体项目的开发人员开发能力差，或程序员对开发工具不熟。这种风险出现概率很高，对数字媒体项目的影响程度较小。这种风险出现时的处理建议是，所有的数字媒体项目组成员要做预先业务能力审核，如遇更替人员也要进行相应的审核，确保人员具备足够的业务能力。

（5）项目范围改变风险。这种风险的产生是因为在数字媒体项目已经开始实施后用户突然要增加或变更一些结构性的功能，需要重新考虑架构设计。数字媒体项目的特点包含项目需求的不确定性，项目对象需求的变化导致委托方会突然要求加入新功能。这种风险出现概率较低，但是一旦出现，对数字媒体项目的影响程度非常大。这种风险出现时的处理建议是，架构设计尽量灵活，采用构件开发等方式提升应变能力，同时要将可能存在的问题及时提交给委托方，避免实施过程中发生结构性修改。

（6）项目进度改变风险。这是指由于特殊事件或得到上级负责人指示，委托方要求提前完成任务的风险。这种风险出现概率很低，但是一旦出现，对数字媒体项目的影响程度非常大。这种风险出现时的处理建议是，如果进度改变不可避免，必须重新制订详细计划，并利用非工作时间加班或增加人手来缩短工期。

（7）人员变动风险。这是指数字媒体项目组人员流动比较频繁，交接不顺利或管理不到位，造成项目的进度和质量受到影响的风险。这种风险出现概率中等，对数字媒体项目的影响程度中等。这种风险出现时的处理建议是，完善文档管理制度，所有重要岗位备有相应的替换人员，同时考虑采用一些快速开发工具，尽量减少纯手写代码，严格要求注释格式，增强可读性。

（8）团队配合风险。这是指数字媒体项目的开发团队内部或多个开发团队之间沟通不够，导致程序员对系统设计的理解有偏差的风险。这种风险出现概率较低，对数字媒体项目的影响程度中等。这种风险出现时的处理建议是，实施方各个开发团队都应有科学的管理方式，并在实施前做好相关约定，确保统一认识。

（9）备份风险。这是指没有有效的系统备份方案，遇到硬件瘫痪等严重故障后无法重建系统或造成重要数据丢失的风险。这种风险出现概率较低，对数字媒体项目的影响程度相对较大。这种风险出现时的处理建议是，数字媒体项目的实施者在开发系统时应及时备份并事先准备应急预案。

（10）测试计划风险。这是指数字媒体项目没有切实可行的测试计划，导致测试的功能点不全，有些潜在的问题没能在测试阶段及时发现的风险。这种风险出现概率较低，对数字媒体项目的影响程度较小。这种风险出现时的处理建议是，数字媒体项目的委托方与实施方应配合建立详细的测试计划，将技术测试和业务测试分开，严格按照问题修改机制操作。

（11）测试人员经验风险。这是指数字媒体项目中没有专业的测试人员或测试人员对业务不熟悉，测试经验不足的风险。这种风险出现概率很低，对数字媒体项目的影响程度很小。这种风险出现时的处理建议是，数字媒体项目参与测试的人员应具备相关知识和经验，大的项目可以请专业的测试机构进行测评。

4）数字媒体项目收尾阶段的风险

（1）质量风险。这是指数字媒体项目结束后整体或部分系统质量差，如速度慢、易用性差等风险。数字媒体项目完成后质量的高低很大部分是由项目对象来评价的，也就是我们的终端消费者来评价，易用性、友好性等都是评价的标准。这种风险出现概率很高，对数字媒体项目的影响程度较大。这种风险出现时的处理建议是，数字媒体项目的实施管理者要分阶段严格控制代码规范性，逐步测试，必要时引入专业分析工具定位造成质量问题的代码并安排修正。

（2）使用者不满意风险。这是指由于数字媒体项目的委托方很多时候并不是最终的使用者，当系统基本完成后相关使用者对系统不满意造成需求变更的风险。这种风险出现概率中等，对数字媒体项目的影响程度很大。这种风险出现时的处理建议是，数字媒体项目委托方应在项目的各阶段组织最终用户参与意见，边测试、边改进，不要在系统接近完成时再征求用户的意见。

（3）采购风险。这是指由于数字媒体项目的企业采购需要一定的时间周期，当系统需要上线时必需的设备或系统软件没有按时到货所产生的风险。这种风险出现概率较低，对数字媒体项目的影响程度较小。这种风险出现时的处理建议是，数字媒体项目的委托方要按照相关规定及时安排采购提前量，尤其是需要进行公开招标的，必须提前足够长的时间启动招标工作。

（4）产出过低风险。这是指数字媒体项目未达到预期的投入产出效果，包括社会影响、用户人数和用户反馈等风险。这种风险出现概率较低，影响程度小。这种风险出现时的处理建议是，大多数的数字媒体项目缺乏必要的投入产出评估，而作为数字媒体项目委托方，应该有相应的考虑，除了对系统本身不断完善外，相关的商务、推广等工作也要全面配合，以获得最大收益。

8.2.2　数字媒体项目风险的识别

项目风险识别是一项贯穿于项目实施全过程的项目风险管理作业。它不是一次性行为，而是有规律地贯穿整个项目。在风险识别过程中，一切从实际出发，计划联系实际，要实事求是，严格秉持行业相关标准，充分利用创新思维，借助相关技术方法，做好项目管理工作中的风险识别工作。

数字媒体项目风险识别包括识别项目内在风险和识别项目外在风险。数字媒体项目内在风险指数字媒体项目工作组能加以控制和影响的风险，如人事任免和成本估计等。数字媒体项目外在风险指超出数字媒体项目工作组控制力和影响力之外的风险，如市场转向或政府行为等。数字媒体风险不仅指遭受创伤和损失的可能性，对项目而言，数字媒体项目风险识别还牵涉机会选择，就是所谓的积极成本和不利因素威胁的消极结果。

数字媒体项目风险识别应凭借对项目将要发生的情况以及会带来的后果认定来实现，或通过对项目的结果需要予以避免或促其发生，以及怎样发生的认定来完成。我们可以对数字媒体项目的风险进行分解，如图 8-1 所示。

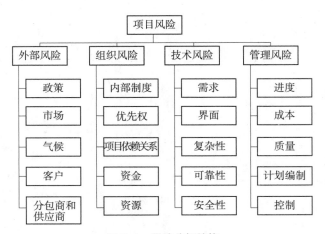

图 8-1　风险分解结构

1.项目风险识别的方法

对于风险识别来说，任何能进行潜在的问题识别的信息源都可用于风险识别，要想识别项目风险，就必须使用恰当的方法与合适的识别工具。

（1）核对表分析法。核对表是基于类比以前项目及其相关信息编制的风险识别核对图表。项目经理可以根据自己拥有的相关资料和经验，将经历过的类似项目的风险及其来源制作成一览表，然后再把当前的项目和这个一览表对照，在两相比较的情况下，就可以找出该项目存在的风险以及来源。

核对表一般根据风险要素编撰，以风险来源进行排列。核对表的内容可以包括：以前项目成功或失败的原因；项目范围、成本、质量、进度、采购与合同、人力资源与沟通情况；项目产品或服务说明书；项目管理成员技能；项目可用资源等（表8-2）。利用核对表进行风险识别的主要优点是快而简单，其缺点是受到项目可比性的限制。

表 8-2　风险核对表

风险因素	识别标准	风险核查结果		
项目的环境		大	中	小
（1）项目组织结构	稳定 / 胜任	☐	☐	☐
（2）组织变更的可能	较小	☐	☐	☐
（3）项目对环境的影响	较低	☐	☐	☐
（4）政府的干涉程度	较少	☐	☐	☐
（5）政策的透明程度	透明	☐	☐	☐
项目管理				
（1）业主同类项目经验	有经验	☐	☐	☐
（2）项目经理的能力	经验丰富	☐	☐	☐
（3）项目管理技术	可靠	☐	☐	☐
（4）切实地进行了可行性研究	详细	☐	☐	☐
（5）承包商富有经验、诚实可靠	有经验	☐	☐	☐
项目性质				
（1）工程的范围	通常情况	☐	☐	☐
（2）复杂程度	相对简单	☐	☐	☐
（3）使用的技术	成熟可靠	☐	☐	☐
（4）计划工期	可合理顺延	☐	☐	☐
（5）潜在的变更	较确定	☐	☐	☐
项目人员				
（1）基本素质	达到要求	☐	☐	☐
（2）参与程度	积极参与	☐	☐	☐
（3）项目监督人员	达到要求	☐	☐	☐
（4）管理人员的经验	经验丰富	☐	☐	☐

续表

风险因素	识别标准	风险核查结果		
费用估算 （1）合同计价标准 （2）项目估算 （3）合同条件	固定价格 有详细估算 标准条件	☐ ☐ ☐	☐ ☐ ☐	☐ ☐ ☐

（2）流量表。流量表能帮助项目组理解风险的缘由和影响。在项目实施过程中可以采用因果图和系统或程序流程图来描述。

因果图，用于说明各种直接原因、间接原因与所产生的潜在问题和影响之间的关系，如图 8-2 所示。

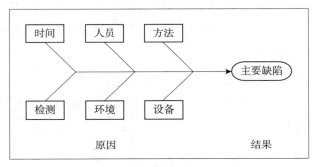

图 8-2　因果图示例

系统或程序流程图，用于显示一个系统中各组成要素之间的相互关系，如图 8-3 所示。

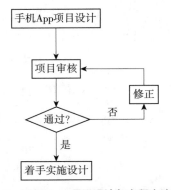

图 8-3　手机 App 项目设计复查程序流程图

（3）面谈。与不同的数字媒体项目涉及人员进行有关风险的面谈，有助于发现在常规计划中未被识别的风险，也可以通过数字媒体项目可行性研究时得到的前期面谈记录获得。

（4）SWOT分析法。SWOT作为一个众所周知的工具，是指针对项目内外部竞争环境和竞争条件下的态势分析，分别写在矩形列阵中，然后经过系统分析，从而得出和风险有关的相应结论。

（5）德尔菲技术分析法。德尔菲技术分析法又称专家规定程序调查法。该方法主要是由调查者拟定调查表，按照既定程序，以函件的方式分别向专家组成员进行征询，而专家组成员又以匿名的方式（函件）提交意见。经过几次反复征询和反馈，专家组成员的意见逐步趋于集中，最后获得具有很高准确率的集体判断结果。该方法运用在项目上就是召集一群对项目有丰富经验的专家，让他们给出建议或预测，最后，让这些专家对这些匿名的意见或预测进行反馈，直到得到准确结果。

2. 识别项目风险的注意事项

项目风险识别在于找出影响项目目标顺利实现的主要风险因素，并识别出这些风险究竟有哪些基本特征、可能会影响到项目的哪些方面。一旦风险发生，就会直接影响项目诸多限制条件中的一个或者多个。因此，项目经理必须做好项目风险识别工作，及时地识别风险才能减少损失。在风险识别时，需要注意以下几点。

（1）风险识别应该贯穿项目始终。最早识别的风险实际上就是项目启动阶段所识别的假设条件，风险识别在项目完成交付后才算结束。

（2）风险识别应允许形式多样化。风险识别可以通过正式的周期性的讨论方式进行，也可以通过非正式的随机的方式进行。

（3）风险识别应允许人人参与。风险识别可以由项目内部人员或项目外部人员随时随地提出，识别出的项目风险应被认真对待，并由项目经理记录在风险注册表中。

（4）风险意识应该变成一种"习惯"。不论项目大小，项目经理都应该安排充足的时间去识别、评估风险，并对其进行管理。当这种"习惯"变成"自然"之后，不仅可以有效帮助项目管理，而且对日常生活也大有益处。

（5）风险识别应该关注"细节"。一个项目可能因为一个细节而毁于一旦，细节决定成败，风险识别应该特别关注"细节"。

（6）风险识别应注意"方法"。项目风险的最大来源就是项目本身，猜想项目的风险不是正确的方法，识别项目风险应该基于项目章程、项目计划书、项目工作分解等。

3. 给项目风险评估一个指标

风险评估的指标相当于度量风险的一把尺子。项目风险是一个综合现象，并涉及对未发生事件的预测和评估，因此往往需要多把标尺才能勾画出它的特征。数字媒体项目风险在实际操作过程中，可以将它们通过定性分析得来的结果转化为一个定量的数值来进行分析。通过项目的参与者对每项数字媒体项目风险事件的概率级别及其对项目成本、项目时间、项目范围和项目质量目标的影响进行评估，确定风险概率和风险影响值的等级。粗略评估数字媒体项目风险概率及影响之后，查询风险概率度量表以及风险对四大主要项目目标的影响值度量表，就可以将定性分析的结果转换为一个定量的数值，如表 8-3 和表 8-4 所示。

表 8-3　风险概率度量表

现象分析	风险可能性范围 /%	分级概率数值 /%	顺序计量数值
非常不可能发生	0 ~ 10	5	1
发生可能性不大	11 ~ 40	25	2
预期可能在项目中发生	41 ~ 60	50	3
较可能发生	61 ~ 80	70	4
极有可能发生	81 ~ 100	90	5

表 8-4　风险对四大主要项目目标的影响值度量表

定性度量		非常低	低	中等	高	非常高
非线性度量		0.05	0.1	0.2	0.4	0.8
项目目标	成本	不显著的成本增加	成本增加 <10%	成本增加 10% ~ 20%	成本增加 20% ~ 40%	成本增加 >40%
	时间	不显著的进度拖延	进度拖延 <5%	进度拖延 5% ~ 10%	进度拖延 10% ~ 20%	进度拖延 >20%
	范围	范围缩小，不易察觉	范围次要部分受到影响	范围主要部分受到影响	范围缩小，干系人无法接受	项目最终结果不可用
	质量	质量退化，不易察觉	只有要求很高的应用受到影响	质量降低，需要干系人确认	质量降低，干系人无法接受	项目最终结果不可用

8.3　数字媒体项目风险分析

在数字媒体项目中对风险量化涉及对风险和风险之间相互作用的评估，用这个评估分析项目可能的输出。风险由于包括诸多因素而较复杂，现就部分因素列举如下。

（1）机会和威胁能够以出乎意料的方式相互作用，数字媒体项目计划的延迟会导致不得不考虑新的战略以缩短整个项目周期。

（2）一个单纯的风险事件能造成多重后果。数字媒体项目中由于采购原材料配送延误会造成成本超支、计划延迟、多支付薪水以及产品质量低劣等。

（3）某个数字媒体项目涉及人员的机会却往往意味着对其他项目涉及人员的威胁，面对这个情况，企业不得不降低利润以求获得竞争优势。

（4）数学技巧往往容易使人们对精确性和可靠性产生错误印象。

如图8-4所示，在风险管理的过程中，项目管理团队需要对项目相关的风险进行定量和定性的评估，并分析出风险的应对办法。

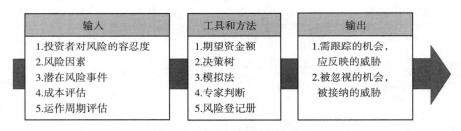

图8-4　风险定性及定量分析图

8.3.1　对风险量化的输入

1. 投资者对风险的容忍度

不同的数字媒体组织和个人往往对风险有着不同的容忍限度，举例如下。

（1）一个高利润、高收益的数字媒体公司也许愿意为一个1亿美元的合同花费50 000美元制作计划书，而一个收支相抵的数字媒体公司则不会这样做，它们对相同事件的表现不尽相同，可以理解为投资者对风险的态度是有差异的。

（2）一个组织也许认为15%的误差概率是高风险的，而其他组织却认为这个概率风险很低。

2. 风险因素

（1）需求的变化。在数字媒体项目中，需求与传统项目管理是有区别的，数字媒体项目的需求变化更快、要求更高，这就从某种程度上增加了项目实施的难度，造成了不确定的因素，从而产生了风险。

（2）设计错误、疏漏和理解错误。在数字媒体项目实施过程中，反馈的模式和传统项目管理是有区别的，反馈往往在项目制作过程中随时进行，而传统项目的反馈在产品交付使用后一段时间才会显现出来，这也造成了数字媒体项目管理的风险。

（3）狭隘定义或理解职务和责任。在数字媒体项目管理过程中，由于人员和流程较之前的传统的项目管理发生了变化，数字媒体项目小组的管理更加倾向于扁平化的管理组织，人员的职责和管理幅度发生了变化，如果采用过去传统项目管理的模式来理解其职务和责任的话往往也会造成风险的产生。

（4）不充分估计。在数字媒体项目中，由于项目在实施过程中没能充分估计，所以导致风险的产生。

（5）不胜任的技术人员。数字媒体项目的从业人员和传统的项目从业人员有区别，导致在项目管理执行过程中可能出现风险。

3. 潜在风险事件

在数字媒体项目执行过程中可能存在一些潜在的风险事件。如人员临时退出、项目执行过程中沟通出现问题以及在项目开始前对预期过分乐观等都会使项目在运作时出现风险，而这些风险往往又是在计划时无法做出准确判断的风险。

4. 成本评估

成本评估是对项目各活动所需资源的成本的定量估算，这些估算可以用简略或详细的形式表示。

对项目所需的所有资源的成本均需加以估计，这其中包括项目涉及的人工成本、原材料采购成本以及考虑通货膨胀等因素。

5. 运作周期评估

运作周期评估是关于完成一活动需多少时间的数量估计。活动所需时间估计值用某一范围表示，例如：

（1）2 周 ±2 天，表示该活动至少需 12 天和不超过 16 天。

（2）超过 3 周的概率为 15%，表示有 85% 概率活动将用 3 周或更短时间。

8.3.2　工具和方法

1. 期望资金额

期望资金额是风险的一个重要指标，它是以下两个值的函数。

（1）风险事件的可能性——对一个假定风险事件发生可能性的评估。

（2）风险事件值——风险事件发生时对所引起的盈利或损失值的评估。

风险事件值要以有形资产和无形资产形式反映。例如，由于付出过高价格制订的计划书的 A 项目与 B 项目认定了损失有形资产 100 000 美元的相同风险概率。如果 A 项目认定只有极少或没有造成无形资产损失，而 B 项目预计所产生的巨大的损失将使该组织不得不离开该行业，那么两种风险则不同了。

在相同情形下，如无法将无形资产计算在内，则将高概率的低亏损事件和低概率的高亏损事件等同起来会产生巨大差异。

如果说风险事件会独立发生也会集体发生，会并行发生也会顺序发生，那么"预期资金总额"也总是作为一种输入值，以进一步做分析，如决策树。

2. 决策树

决策树是在已知各种情况发生概率的基础上，通过构建决策树来求取净现值的期望值大于等于零的概率，从而评价项目风险并判断其可行性的决策分析方法，是直观运用概率分析的一种图解法。由于这种决策分支画成图形很像一棵树的枝干，故称决策树。

一个决策树包含三种类型的节点：决策节点，通常用矩形框来表示；机会节点，通常用圆圈来表示；终结点，通常用三角形来表示。

案例：为了适应市场的需要，某地准备扩大户外电视屏幕。市场预测表明：户外电视屏良好反应概率为 0.7；户外电视屏反应差的概率为 0.3。备选方案有三个：第一个方案是自行生产，需要投资 600 万元，可使用 10 年。如户外电视屏反应良好，每年可盈利 200 万元；如户外电视屏反应差，每年会亏损 40 万元。第二个方案是外包，需投资 280 万元。如户外电视屏反应良好，每年可盈利 80 万元；如户外电视屏反应差，每年也会盈利 60 万元。第三个方案是外包，但是如户外电视屏反应良好，3 年后继续注资，扩建需投资 400 万元，可使用 7 年，扩建后每年会盈利 190 万元。

各点期望利润值，如图 8-5 所示。

点②：$0.7 \times 200 \times 10 + 0.3 \times (-40) \times 10 - 600$（投资）$= 680$（万元）

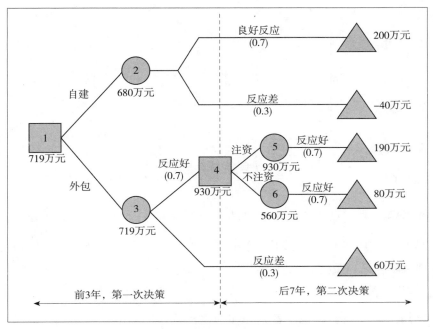

图 8-5　决策树分析图

点⑤：$1.0 \times 190 \times 7 - 400 = 930$（万元）

点⑥：$1.0 \times 80 \times 7 = 560$（万元）

比较决策点④的情况可以看到，由于点⑤（930 万元）与点⑥（560 万元）相比，点⑤的期望利润值较大，因此应采用扩建的方案，而舍弃不扩建的方案。把点⑤的 930 万元移到点④来，可计算出点③的期望利润值。

点③：$0.7 \times 80 \times 3 + 0.7 \times 930 + 0.3 \times 60 \times (3+7) - 280 = 719$（万元）

最后比较决策点①的情况。由于点③（719 万元）与点②（680 万元）相比，点③的期望利润值较大，因此取点③而舍点②。这样，相比之下，自行建设的方案不是最优方案，合理的策略应采用前 3 年外包，如销路好，后 7 年进行扩建的方案。

3. 模拟法

模拟法运用假定值或系统模型来分析系统行为或系统表现。较普通的模拟法模式是运用项目模型作为项目框架来制作项目日程表。大多数模拟项目日程表是建立在某种形式的蒙特卡洛分析基础上的。这种技术往往由全局管理所采用，对项目"预演"多次得出图 8-6 所示的计算结果数据统计分析。蒙特卡洛分析和其他形式模拟法也可能用来估算项目成本的变化范围。

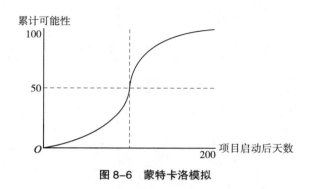

图 8-6　蒙特卡洛模拟

图 8-6 中的曲线显示了完成项目的可能性与某一时间点的关系。比如，虚线的交叉点显示：在项目启动后 145 天之内完成项目的可能性为 50%。项目完成期越靠左则风险越高；反之，风险越低。

4.专家判断

专家判断往往能够代替或者附加在前面提到过的数学技巧。例如，风险事件可以被专家描述为具有高、中、低三种发生概率和具有强烈、温和、有限三种影响。

5.风险登记册

风险识别过程的主要输出是一份已识别出的风险清单和其他风险登记册的信息。风险登记册就是一份文档，其中包含各种风险管理过程的输出，通常以表格或电子数据表格的形式出现，是一种把潜在风险事件和相关信息文档化的工具。风险事件是指会对项目造成不利或有利影响的不确定事件。表 8-5 为风险登记册样例。

表 8-5　风险登记册样例

编号	等级	描述	类型	根本原因	触发器	可能的应对	风险负责人	概率	影响	状态
R44	1									
R21	2									
R7	3									

编号：R44

等级：1

风险：App 项目制作时与委托方沟通环节

描述：由于之前没有和该委托方有过业务往来，对委托方不是很了解。所以在面对这种项目时也许会遇到麻烦。

类型：人际风险

触发器：数字媒体项目经理和其他高管认识到，我们对这个委托方不是很了解，因此会误解他们的需求和期望。

可能的应对：项目经理要对委托方高度敏感，多花时间去了解他们和其沟通。

风险负责人：项目经理

概率：中等

影响：大

状态：项目经理会在本周内组织这次会面。

8.4　数字媒体项目风险的应对

8.4.1　数字媒体项目风险的应对措施

组织在识别和量化分析数字媒体项目风险之后，就应该对风险做出适当的应对。对风险做出应对，包括形成选择方案和确定策略这两个方面，以求减少负风险带来的损失和增强正风险。

对于负风险，有四个基本的应对策略可以降低其造成的损失。

（1）风险回避是指通过消除风险产生的条件来消除一个特定的威胁。当然，不是所有的风险都能被消除，但就特定的风险事件而言还是可以的。例如，一个数字媒体项目团队会决定继续在项目上使用某种硬件或软件，因为其熟悉这些硬件或软件。其他硬件或软件也可以用在数字媒体项目中。但是如果数字媒体项目团队对它们不熟悉，就会引起巨大的风险。使用熟悉的硬件或软件就可以消除这些风险。

（2）风险接受是指一旦风险发生，承担其产生的后果。例如，一个数字媒体项目团队在筹备一个大型项目评审会议，申请在一个特定地点开会有可能得不到批准，那么项目团队可以通过准备应急或退路计划，以及应急储备，积极主动地面对这类风险。另外，该团队可以以积极的态度接受组织为其提供的任何场所。

（3）风险转移是指把管理的风险和责任转移给第三方。例如，风险转移常用来应对金融风险的爆发。数字媒体项目团队可以为一个项目所需的硬件购买特定的保险或担保。如果硬件出故障，保险公司必须在约定的时间内更换它。

（4）风险缓解是指通过降低风险事件发生的概率，从而降低风险事件的影响。在本章的开头就给出了减少数字媒体项目常见的风险源的建议。其他风险缓解的例子包括：使用经证明可用的技术；拥有有竞争力的项目人力资源；使用不同的分析和确认方法；从分包商那里购买维护或服务协议。

表8-6列出了项目中在应对技术、成本和进度风险上常用的风险缓解策略。要注意的是，提高项目的监测频率、使用工作分解结构和关键路径法是应对这三个领域风险时适合使用的对策。增加项目管理者的权力是降低技术风险和成本风险的对策，而选择最有经验的项目管理者可降低进度风险。提高沟通效率同样是降低风险的有效方法。

表8-6   应对技术、成本和进度风险上常用的风险缓解策略

技术风险	成本风险	进度风险
注重团队支持和避免孤立分散的项目结构	提高项目的监测频率	提高项目的监测频率
增加项目管理者的权力	使用 WBS 和 CPM	使用 WBS 和 CPM
改善问题处理和沟通	改善沟通，提高项目目的的认可度和团队支持	挑选最有经验的项目管理者
提高项目的监测频率	增加项目管理者的权力	
使用 WBS 和 CPM		

在应对正风险时，也有四个基本策略。

（1）风险开发，即竭尽所能促使积极的风险发生。

（2）风险共担，即把风险的所有权分配给其他部分。

（3）风险增大，即通过识别和最大化正风险的关键动因来改变风险发生的概率。

（4）风险接受，适合项目团队不能或没有选择对风险采取任何行动的情况。

风险应对计划的主要输出包括与风险相关的合同协议、项目管理计划的更新和风险登记册的更新。风险应对战略还通过描述风险应对、风险责任人和状态信息来为风险登记册更新信息。

正如先前所描述的，风险应对战略除了包括应急计划和储备外，还常包括对残留风险和次级风险的识别。残留风险是指实施所有风险应对措施之后剩下的风险。例如，即使项目使用的是一种比较稳定的硬件产品，也仍然会有一些风险无

法处理好。次级风险是实施一种风险应对后的一个直接结果。例如，使用比较稳定的硬件可能会导致周围设备功能运行出错的风险。

8.4.2　数字媒体项目风险的控制措施

在很多项目中，管理者大部分处于被动管理状态，当项目没出问题时，觉得工作轻松，自认为管理到位；等出了问题找上门来再去解决问题，则像消防员救火一样东奔西跑，忙得不可开交。其实，在项目建设中，很多问题发生后往往很难解决，这就需要项目管理者有很好的分析概念控制能力。下面就给大家介绍一些有效的风险控制策略。

（1）处理高优先级风险。制订一份扫除高风险因素的工作计划，如果问题出现了，早知道总比晚知道的好。如果有不可行或接受不了的地方，尽快确定，以便管理高层可以决定该项目是否值得继续投入资金和资源。

（2）使用迭代、分阶段的方法。通过把项目工作分解至多个迭代过程和阶段来提供一个系统的方法，更快、更频繁地向项目干系人提供有形成果输出。然后和项目干系人一起审查这些成果并获取他们的反馈，这样一来，最大的风险——项目干系人的期望和满意度就得到了很好的控制。

（3）保证计划过程的质量。在项目的各个阶段，一定要在计划过程中审查质量，这一步有助于识别计划中的缺陷，如果这些缺陷没有被检测到，就会转化为未知风险，可能对项目造成很大的影响。

（4）进行独立的质量保证审核。拥有独立、经验丰富、客观的第三方质量保证审核是识别风险因素和确定最佳应对策略的有效手段。如果关键项目干系人没有经验，政治气氛浓厚或者有多方厂商参与，这种方法尤其有用。

📖 本章小结

数字媒体项目风险管理包括通过风险识别、风险分析和风险应对去认识项目的风险，并以此为基础合理地使用各种风险应对措施、管理方法和技术手段。这些过程主要有：确定数字媒体项目的风险源，量化数字媒体项目风险，应对数字媒体项目风险。项目风险管理不得力是项目失败的一个关键原因。对于数字媒体项目而言，要实现有效的项目风险管理，重要的是要清晰地识别项目风险及建立灵活可靠的风险变更管理流程。

思考题

1. 数字媒体项目风险规划过程中有哪些注意事项?

2. 数字媒体项目管理风险规划活动中主要有哪些内容?

3. 风险事件对数字媒体项目管理能产生哪些影响?

4. 在潜在风险识别中,如何积极看待负风险对数字媒体项目造成的影响?

5. 在制定风险应对策略时,项目经理应该注意哪些事项?

即测即练

第 9 章　数字媒体项目的沟通管理

🔍 **学习目标**

　　1.了解数字媒体从业人员的特性及常见沟通问题。

　　2.掌握数字媒体项目中的沟通方法、过程及其重要性。

　　3.掌握数字媒体业态中的干系人识别方法。

🔍 **能力目标**

　　1.具备梳理项目干系人的能力，并能识别干系人的需求。

　　2.具备较好的项目沟通能力，能合理处理项目中的常见沟通问题，协调项目沟通进度。

　　3.掌握运用项目管理工具，进行干系人协调，并传递信息。

🔍 **思政目标**

　　1.掌握在正确价值观的基础上，如何有效进行项目沟通，实现项目目标。

　　2.掌握如何高效安排会议，并在跨国、跨文化等项目合作中弘扬中华文明。

🔍 **导入案例**

　　张工是广东某数字孪生科技公司技术负责人，新筹备了一个项目小组负责可视化智慧城市的打造项目。

他领导的小组有两个新招聘的高校毕业生，技术和经验十分欠缺，一遇到技术难题，就请张工进行指导。有时张工干脆亲自动手来解决问题，因为教这些新手如何解决问题反而更费时间。由于有些组员是张工之前的老同事，在他们没能按计划完成工作时，张工为了维护同事关系，不好意思当面指出，只好亲自将他们未做完的工作做完或将不合格的地方修改好。

张工在项目中遇到的各种问题和困惑，也感觉无处倾诉。项目的进度已经严重滞后，而客户的新需求不断增加，各种问题纷至沓来，张工觉得项目上的各种压力都集中在他一个人身上，而项目组的其他成员没有一个人能帮上忙。

思考：

1. 在项目中，沟通是否具有重要的地位？

2. 项目经理应该如何安排合理的沟通计划，以及应该与谁沟通？

项目沟通管理包括通过开发工具，以及执行用于有效交换信息的各种活动，来确保项目及其相关方的信息需求得以满足的各个过程。要想成为一个成功的项目管理者，就必须充分发挥自己的沟通能力并开展沟通工作，使项目更加合理和有效地进行。因为项目是以团队的形式开展工作的，而团队作业需要更多的思想沟通和信息交流。本章重点介绍项目沟通管理的过程和沟通的方式方法。同时，在数字媒体的环境下，项目经理应该考虑到做项目时涉及的干系人管理，以及项目人员的特性，并在这种特性下制定沟通管理的策略和分析应该避免的问题。

9.1 沟通管理

9.1.1 沟通管理的过程

项目沟通管理由两个部分组成：第一部分是制定策略，确保沟通对相关方行之有效；第二部分是执行必要活动，以落实沟通策略。

图 9-1 展示了沟通管理收集与反馈、存储与加工、解决与发布在项目执行过程中所汇集的各种信息的处理过程。

细分来说，项目沟通管理的过程包括三个小步骤。

1. 规划沟通

规划沟通是基于每个干系人的信息需求、可用的组织资产，以及具体项目的

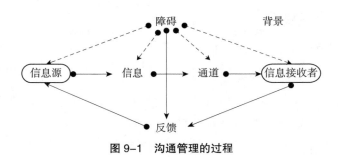

图 9-1　沟通管理的过程

需求，为项目沟通活动制订恰当的方法和计划的过程。

2. 管理沟通

管理沟通是确保项目信息及时且恰当地收集、生成、发布、存储、检索、管理、监督和最终处置的过程。

3. 监督沟通

监督沟通是确保满足项目及其相关方的信息需求的过程。

如图 9-2 展示了项目沟通管理的各个过程。虽然在本书的介绍中，各项目沟通管理过程以界限分明和相互独立的形式出现，但在实践中它们会相互交叠和相互作用，应在实践过程中灵活地运用。

图 9-2　项目沟通管理过程概述

9.1.2　沟通管理的重要性

项目沟通管理的目的是使项目组内部成员和项目干系人及时、准确地得到应该得到的相应信息，并正确地理解相关信息，为项目的目标实现提供保证，起到项目中协调多方关系的作用。因此，对于项目来说，项目的五大过程若要高效、正确地进行，就必须让有效的沟通贯穿整个项目过程，项目沟通管理的重要性主要体现在以下几个方面。

1. 信息是项目做决策和计划的基础

项目团队要想做出正确的决策、提高项目的成功率，必须建立在准确、完整和及时的信息之上。通过项目内外部环境之间的信息沟通，及时获取相关干系人的需求和意见，可以及时地获得更多的最新信息，为项目做决策提供依据。

2. 保证项目信息传输的一致性

有效及时的项目沟通管理，可以使项目全部成员的信息沟通保持统一，及时传输并统一思想，协调步伐，一起行动，保证各项资料版本的统一。

3. 组织并控制项目管理过程的依据和重要手段

在项目团队内部，没有好的信息沟通，信息就无法及时传达，项目经理便无法掌握项目团队的各方面情况，无法制订可实施的计划，也无法实施科学有效的管理。

4. 项目经理成功领导团队完成项目的重要手段

项目经理需要统筹并安排项目人员的各项工作，同时需要确保下级人员理解并执行。如果沟通不畅，下级人员理解有误，就会导致项目混乱甚至失败。

沟通既能传递信息、交换信息，也容易因为无效沟通出现浪费时间、理解偏差导致项目失败的情况。因此，项目的沟通应尽可能保持公开、有记录、有效率，并让所有相关干系人参与。沟通的内容应该保持高效并树立正确的价值观。

9.1.3　四种主要沟通关系

项目经理的主要任务就是人与人之间的协调和管理，应当成为主管领导、团队成员、用户和其他干系人之间沟通的纽带，最终的目标是让用户能满意、让公司有利润、让组员有进步。

数字媒体项目的实施过程中，一般有以下几种关系需要大量沟通，以使项目更加顺畅地进行。但无论沟通双方是什么样的合作关系，沟通的原则都是一样的，即目的明确、思路清晰、注意表达方式、以诚相待；要选择有利的时机，采取适宜的方式。学习完党的二十大精神，更应该清晰明白每次团队沟通尤其需要注意多做提振士气、凝聚人心的工作，多干维护安定、促进团结的事情，展示项目决策部署取得的巨大成就，以此来达到团队内容激励人心的沟通效果。

1. 项目方与用户的沟通

数字媒体项目的重要特征是以用户为中心，及时掌握用户的需求是完成项目的基本条件。用户和项目方是统一体，双方共同的目标都是希望项目能够成功，因此他们之间的沟通是项目所有沟通中最为重要的。项目方对用户的了解不够深入，用户对需求和业务要求阐述得不够充分，都可能使项目发生偏差，导致项目的失败。

在数字媒体项目中，经常这样处理这种沟通关系：首先是在需要做出实施中的一些关键决策时，做到主动征求用户的意见，并接受用户的指导、协调管理；建立工作联系制度，按时参加项目联络会议，对项目进展和问题进行沟通；坚持给用户提交工作周报，使他们随时掌握项目动态；认真落实用户提出的建议，将用户的想法完整地转达给每个相应的干系人，并协同处理。在秉承互尊互利的原则下，基本上都能与用户形成良性的沟通关系，从而也使项目中的任何问题都不成为问题。

事实上，要想真正深入了解用户的想法，最简单而有效的方式就是成为用户本身，在某些时候，集成商将自己扮成用户角色，跟随用户共同工作熟悉他们的业务和习惯，像用户一样思考和处理问题，也就是和用户建立和谐关系的最佳途径。

2. 项目经理与公司主管领导的沟通

公司主管领导对于项目执行过程中具体情况的了解和掌握主要就是通过与项目经理及其他项目组成员的交流。这种交流包括定期与不定期的两种，项目组一般每两周提交一次进度报告，列举项目进展与计划是否有偏差、出现及解决了哪些问题等内容。不定期沟通则主要体现在项目遇到需要主管领导决策或处理的状况时。与主管领导经常进行沟通，有利于梳理自己的工作思路，并从领导的支持中获取信心。

3. 项目经理与项目组成员的沟通

在数字媒体项目执行过程中，项目经理经常处在两难的境地，一方是甲方使用人员，而另一方是项目组成员。当甲方对作品、系统或项目施工提出问题并要求改动时，项目组技术人员往往找出各种理由予以否决，而这正是引起甲乙双方矛盾的最主要原因。

另外，项目组成员对任务分配、加班加点等状况也常有抱怨。作为项目经理，应从理性的角度出发，既要尽量满足用户方的合理需求变化，又要充分调动组内成员的积极性。在不失公允的前提下，充分展现个人魅力的作用。

其他主要沟通管理中包含的关系还有集成商/项目经理与设备提供商、与设计单位、与分包商等。项目经理与各方进行的沟通应该贯穿整个项目周期。

4. 项目组成员之间的沟通

在数字媒体项目中，项目组成员之间的沟通已经成为重中之重。人员良好的沟通不仅能够节省办公时间、提高工作效率，更好地为客户服务，还能够将信息化覆盖到企业的战略、目标、绩效、合同、客户、项目等层面，提供数据分析，为企业决策提供依据，擅长多项目管理、项目进度管理。同时人员可以进行良好的交流，也会使公司有一个良好的工作氛围，进而降低人员流失率，留住人才。

9.1.4 项目过程中的主要沟通方式

项目沟通的方式是多样的，包括一对一的沟通、一对多的沟通、多人之间的沟通、多人之间的相互讨论；从沟通的载体而言，有口头、书面、肢体语言；从途径而言，有面对面、电话、网络、视频、广播等。在项目干系人之间，各种形式的沟通应该灵活应用。

1. 正式、非正式沟通

正式沟通是通过项目组织明文规定的渠道进行信息的传递，这种方式比较正式、有约束力，沟通效果较好，但是沟通速度较慢；非正式沟通的速度更快且方便，但是信息容易失真，有可能导致项目中的信息错误而引起风险，并且传递的内容不易保存。

2. 口头沟通

口头沟通是一种便捷并且信息表达准确的沟通方式。在项目早期应多使用面对面沟通，这对促进团队建设、建立良好的工作关系特别重要。在进行面对面口头沟通时，可以通过恰当的身体语言传达内心思想，但不能使用带有偏见或者攻击性的言辞与评述。

3. 书面沟通

书面沟通主要用于通知或确认一些比较重要的项目活动内容，可作为依据便于日后查阅。对于项目组及企业内部，书面沟通的内容主要是项目进展及其他方面的报告、各种通知、内部备忘录等。书面报告注重使用清楚、简洁的语言。

4. 会议

会议是解决项目执行过程中出现的问题的最佳途径，它是项目目标投入的工具。会议通常的内容是通知项目情况、制订行动计划、发现已有或潜在问题时召集讨论等。会议时间不能太长，一般不要超过 40 分钟，也不能把会议带入无休止的争论中，毕竟争论不会给工作带来实质性有价值的东西。

5. 网络沟通

信息时代使团队的活动不再局限于面对面的活动，一种新的组织形式开始显现——虚拟团队，就是利用网络平台把实际上分散的成员联系起来，在"线上"进行合作，如即时对话工具、可视电话会议系统、电子邮件、内部工作组等。在这种沟通方式中，信息的传递一般不存在问题，但在信息的理解上，则更容易产生歧义。一旦信息被恶意散布或错误理解，则造成的危害更大。

沟通方式的选择十分重要。如电子邮件尽管方便快捷，但它也有缺点，首先是信息超载，我们难以把重要的信息和垃圾信息区分出来。另外，它也缺乏情绪的内容，使人感觉是冷冰冰的和非个性化的。因而当需要传递丰富的信息时（如手势、表情、体态等），应该选用面对面的沟通，或者通过视频会议方式。表 9-1 展示了沟通时的媒介选择。

表 9-1　沟通时的媒介选择

1= 非常好　2= 尚可　3= 不合适			
媒介用途	电话	电子邮件	会议	网络
---	---	---	---	---
获取承诺	2	3	1	3
建立共识	2	3	1	3
调解冲突	2	3	1	3
消除误解	1	3	2	3
解决消极行为	2	2	1	3
表示支持欣赏	2	1	2	3
鼓励创新性思维	3	1	3	3
表达讽刺观点	2	3	1	3
传递相关文献	3	3	3	2
增强威信	2	3	1	1
永久记录	3	1	3	3
维护机密	1	3	1	3
传递简单信息	1	1	2	3
信息查询	1	1	3	3
提出简单要求	1	1	3	3
综合介绍	1	2	1	2
向众人演讲	3	2	3	1

在决定何时使用何种交流方式方面，项目经理必须满足组织、项目和个人的需要。尤其是数字媒体项目，团队会经常遇到需要跨组织、跨团队、跨地区甚至跨国家和跨文化的沟通交流，项目团队需要选择最合适的沟通方式来完成项目，并且保证在跨国家的沟通时，不发表有损于国家、公司的言论，能正确宣扬文化主张。

与此同时，还应该注意沟通过程中的信息损耗，图9-3展示了从交流到沟通的过程的三种主要的信息阻塞，有因人的主观思想而引起的，主要原因是信息的发出者或接收者对信息有意或无意地过滤，也有客观损耗，是技术上没法解决的问题，不属于管理方面主要关心的问题。信息损耗越大，越不能达到沟通的目的。因此，信息的接收者要及时将所获取的信息内涵反馈给信息发出者，使信息的传输形成一个闭环，能相互检查意图是否传达明确、理解是否一致。特别是对于比较复杂的信息传递，反馈显得尤为重要。

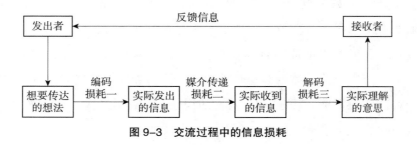

图 9-3　交流过程中的信息损耗

9.2　数字媒体环境下的沟通管理

对于数字媒体项目来说，识别出项目相关干系人，并通过沟通获取他们的需求、及时传递与项目相关的信息，是数字媒体项目成功的关键因素。

9.2.1　项目的干系人

作为一个学术名词，干系人在20世纪60年代被首次提出。1963年，斯坦福研究所（SRI）的一些学者受"股东"（shareholder）一词的启发，利用"股东"一词表示与企业有密切关系的所有人，并给出干系人的定义：对企业来说，存在这样一些利益群体，如果没有他们的支持，企业就无法生存。1965年，伊戈尔·安索夫（Igor Ansoff）在《公司战略》一书中也提及这一概念，他认为要制定理想的企业目标，必须综合平衡企业的众多干系人之间相互冲突的索取权，他们可能包括管理人员、员工、股东、供应商以及顾客。20 世纪 80 年代以后，随着经济发展的全球化以及企业间竞争的日趋激烈，从是否影响企业生存的角度界定干系人表现出一定的局限性。1984 年，爱德华·弗里曼（Edward Freeman）在其著作《战略管理：利益相关者方法》中，将干系人定义为那些影响企业目标实现或受企业目标实现过程影响的任何个人和团体，该定义扩展了干系人的内涵，除了影响企业持续生存的投资者、员工、顾客和合作者之外，还将社会团体、公众、政府部门、环保主义者等群体纳入干系人理论的研究范畴，并启发人们思考企业与干系人之间的相互影响关系。20 世纪 90 年代以后，干系人理论逐渐发展，广泛应用于公司治理、企业伦理、战略管理等诸多领域。其中，干系人分类管理理论较为典型。在现代管理理论中，干系人已被视为企业的构成要素，纳入广义的管理范畴，企业的生存和繁荣离不开干系人的支持，但不同类型的干系人对企业管理活动的影响以及被企业活动影响的程度是不一样的，并随着时间和空间动态变化。因此，针对不同类型的干系人采取不同的管理策略，最大限度地提高干系人对企业的满意度和支持度，已成为决定企业健康持续发展的关键问题。

数字媒体项目管理视角的干系人，即通常所说的数字媒体项目干系人。每个数字媒体项目都有其特定的干系人集团，即干系人群体。通常，我们可根据干系人与项目的不同影响关系，将其区分为以下几种。

（1）主要干系人，即那些与数字媒体项目有合法契约合同关系的团体或个人，如业主方、承包方、设计方、供货方等。

（2）次要干系人，即那些与项目有隐性契约，但并未正式参与到项目的交易中，受项目影响或能够影响项目的团体或个人，如政府、社会公众、环保部门等。

显然，数字媒体项目与这些干系人群体结成了关系网络，各相关方在其中相互作用、相互影响，交换信息、资源和成果。

项目作为多方利益的综合体，交汇渗透了各方利益的诉求，这些利益诉求由于各自的独立性，必然存在各种利益的矛盾和冲突。从这个意义上讲，数字媒体项目管理就是关系管理的过程，是干系人之间利益冲突、协调和实现的过程。

项目经理必须了解其他干系人并与他们共事。因此，项目经理特别需要了解他们怎样通过各种沟通方法、人际交往技巧和管理技巧来满足干系人的需要与期望。项目的成功通常从各种角度来衡量，表 9-2 所示的期望管理矩阵是最重要的衡量工具之一。

表 9-2　期望管理矩阵

成功指标	优先权	期望	指南
范围	2	范围声明中清晰地定义了强制要求和可选要求	在考虑可选要求前要专注于满足强制要求
时间	1	没有给定该项目的完成时间；每一项主要期限要满足；时间表一定要切实可行	项目发起人和项目经理必须警惕任何有可能影响日程目标的问题
成本	3	这部分对组织十分重要；如果你能清晰地证明需要更多的资金，那么你就能得到这些资金	项目支出和上调过程有着严格的规则。成本很重要，但还是要次于时间安排和范围目标
质量	6	质量很重要，我们的期望值就是依照很好建立起的过程来测验这个系统	所有的新人都被要求完成一些内训课程，以确定他们已经了解了我们的质量过程。所有合作质量标准都要严格执行
顾客满意度	4	我们的客户希望我们表现出专业性、及时回答疑问，和他们一起合作来完成项目	所有提供给客户的演示文稿和正式文档都必须由专业人员设计。每个人都应该在 24 小时内回复客户要求
预计投资回报	5	项目中所给出的业务实例预计的是在项目完成两年内达到 40% 的回报率	我们的财务部门和客户一起衡量投资回报率。符合 / 超出预期将会给我们带来更多的商业机遇
等等			

项目管理中，必然会收集到一些来自不同干系人并且会存在冲突的期望。项目团队成员应保持在不违反职业道德、行业标准、法律法规的情况下，正确合理地管理协调这些期望，做到对项目的利益最大化。

9.2.2　数字媒体项目中干系人的识别

数字媒体融合了人际媒体和大众媒体而成为人类的第三种媒体形态。在大众媒体占据主导的时代，我们谈到媒体的功能，通常注重其对受众的信息传播功能、文化传承功能、提供娱乐的功能和对社会环境及社会关系的协调功能，即媒体对公众和社会的外在功能。而进入"人人皆有麦克风"的数字媒体时代，媒体应该回归内在本我，无论组织机构多么庞大，都要将自己看作一个社会人，需要开展媒体社交。

数字媒体拥有人际媒体和大众媒体的优点：完全个性化的信息可以同时送达几乎无数的人；每个参与者，不论是出版者、传播者还是消费者，都对内容拥有对等和相互的控制。同时，数字媒体又避免了人际媒体和大众媒体的缺点：当传播者想向每个接收者个性化地交流独特的信息时，不再受一次只能针对一人的限制；当传播者想向大众同时交流时，就可以针对每个接收者提供个性化内容。也就是说，在数字媒体中，受众与媒体的关系从以往的被动接受转变为主动控制，再到现在的主动卷入。

数字媒体的内容来自用户创造与分享，用户既是信息接收者也是信息传播者，用户规模形成影响力经济。用户包括普通网民，也包括实名认证的专业人士和机构，既是消费者、供应商、员工、合作伙伴，也是"股东"。数字媒体通过维护平台的开放性、拓展用户之间的交互性、反映用户真实的声音，较容易地实现了尽可能多地照顾到各个利益相关方诉求的目的，其"社交"功能明显。媒体作为公共组织机构，应该注意构建与维护和以下干系人的关系。

1. 直接受众

直接受众决定了媒体的规模，不应将受众单纯看作媒体信息的接收者，还要将其看作信息提供者和观点提供者，要将受众看作"客户"，为其提供服务，倾听其意见并给予反馈。

2. 间接受众

间接受众指从非媒体介质本身获取媒体信息的受众，在当前阶段尤以网友为代表，如网友通过网络看到电视台的某段节目视频、通过微博看到报纸某报道概要，这部分受众提升了媒体的影响力，媒体需要争取更多的接触点以增加间接受众数量，同时通过高质量的信息将这部分受众转化成粉丝，成为固定受众。

3. 本行业者

本行业者包括内部员工和同行业者，也包括竞争者，如社交媒体。媒体需要培养内部员工的"社交"意识，在媒体社交活动中与其他媒体形成行业联动，同时借鉴和借用社交媒体的社交性与社交渠道，推进媒体社交实践。

4. 社会公众和社会

社会公众包括网民但不等同于网民，媒体除了回应和关注网络舆论热点外，还需要深入基层各个领域与各行各业的人民群众互动，对于环境与资源、社会文化与道德等社会问题，媒体要保持文化自觉，持续关注。

识别干系人后，应对干系人进行梳理登记，分析干系人的需求和对项目的影响。项目经理应该根据干系人的重要程度、权力大小、对项目的影响程度等制订相对应的沟通计划和干系人管理方案。如图 9-4 所示，干系人登记册可记录干系人的对应信息并进行工作安排。

干系人登记册

| 项目名称: |
| 项目编号: |
| 项目经理: |

序号	基本信息				评估信息		干系人分类	
	角色	部门	姓名	联系方式	主要需求和期望	与生命周期的哪个阶段最密切相关	分类	重要度分级
1	项目经理						内部	
2	项目组成员							
3	责任领导							
4	…							
5	…							
6	客户						外部	
7	供应商							
8								
9								
10								
11								
12								
13								
14								
15								
16								
17								
18								
19								
20								

批准:　　　　　　　　　　　　　审核:　　　　　　　　　　　　编制:

图 9-4　干系人登记册

9.2.3　沟通管理中的重要因素

1. 沟通是人的沟通

不管是客户还是项目成员，他们在项目中都会有自己的利益关注点。有效的沟通机制，能够帮助项目组与客户建立良好的关系，为项目的顺利实施及后期项目的开发奠定良好的基础。同时，有效的沟通机制也会对项目团队的建设起到积极的作用。每个成员参与项目都会有自己的目的：有的人是为了挣钱，有的人是为了学更多的知识，有的人是为了积攒成功案例和工作经历。作为项目经理要了解每个成员的想法，并对他们的想法进行分析。在项目实施中，项目经理要对人员进行合理搭配，在满足项目需求的同时，还要尽可能地满足每个项目成员的个人需求。

2. 利用情感沟通

在数字媒体项目中，项目经理要与项目组成员保持经常性沟通，交流工作中的体会，不要以为举办派对或者送小礼物是多余的。其实有时候一个简单的眼神或表情都代表了一种工作状态。项目经理需要经常和项目组成员聊天或谈心，了解他们在工作中的问题和难处，积极为他们想办法。项目经理也要和客户保持良好的私人关系，通过聊天可以了解到客户新的需求。

3. 积极聆听

根据目的和效果的不同，聆听可分为四个不同层次：听而不闻、假装聆听、选择性地聆听、积极聆听。有效沟通实际上多始于积极聆听。在数字媒体项目的沟通中，聆听比说更加重要，因为聆听更容易被我们忽视，也因为数字媒体项目更需要聆听了解对方真实传递的信息，消除消息传递过程的各种干扰因素，帮助我们理解对方的真实需求，防止沟通失败。

积极聆听，不仅仅是听，更要努力理解讲话者所说的内容，用心和脑站在对方的利益上去听，去理解他。设身处地地聆听是为了理解对方，多从对方的角度着想：他为什么要这么说？他这么说是为了表达什么样的信息、思想和情感？

数字媒体项目最终是服务于其他业务的，为其他业务提供信息技术支持，提高业务效率。在项目的需求分析阶段，我们必须认真和客户交流，积极聆听，了解客户的真实需求，避免因项目需求分析不清楚过早地埋下项目失败的要因。

积极聆听，应该在沟通的过程中把握好以下原则。

（1）聆听者要适应讲话者的风格。每个人发送信息的时候，他说话的音量和语速是不一样的，你要尽可能适应他的风格，尽可能接收他更多、更全面、更准确的信息。

（2）聆听不仅仅用耳朵在听，还应该用你的眼睛看。耳朵听到的仅仅是一些信息，而眼睛看到的是他传递给你更多的一种思想和情感，这需要更多的肢体语言去传递，所以听是耳朵和眼睛在共同地工作。

（3）需要理解对方。听的过程中一定要注意站在对方的角度去想问题，而不是去评论对方。

（4）鼓励对方。在听的过程中，看着对方保持目光交流，并且适当地去点头示意，表现出有兴趣的聆听。

4. 选择合适的沟通语言

数字媒体项目的沟通过程中，一定要注意语言的选择。数字媒体行业的人员不可避免地要用到很多的数字媒体术语和简称，有些人员甚至刻意使用这样的术语和简称，以图给用户留下一种专业的印象。但是，效果往往适得其反，客户不能真正明白你在讲什么、你的真实意思是什么，进而会厌倦跟你沟通，最终导致项目失败。因此，我们最好用简单的语言、易懂的言辞来传达信息，而且对于说话的对象、时机要有所掌握，有时过分的修饰反而达不到想要实现的目的。

5. 安排高效的会议

项目沟通管理中经常使用正式会议的方式与客户、执行组织管理层、项目团队等进行沟通，如项目启动会，方案评审会、问题解决会、变更评估会等。曾经有人就一个会议的成本给出了一个公式：

$$成本＝（与会人工资＋日常开支＋找不到你的人的工资）× 人数$$
$$× 会议时间＋会议本身支出$$

通过这个公式我们可以清楚地看到一个会议的成本是很高的，因此会议的高效性成为控制项目成本的一个有效办法。

要保证会议的效率，有很多的措施和方法。在实际项目过程中，我们要根据项目干系人的情况和项目的需要选择合适的方式。

一般来讲，安排高效会议应该注意以下几点。

（1）确定会议是否必要，是否可以不开或者可以采用其他如电话会议等方式。

（2）会议召开前，将会议议程表发给参会人员。议程表一般包括会议主题、每个主题的顺序、时间以及负责人、会议的主持人、记录人等。

（3）会议安排好需要使用的各种工具和会议材料，如投影仪，以图形、图表、表格等形式展现的项目报告等。

（4）选择有经验、有资历的主持人，控制会议节奏，防止会议冗长和跑题。

（5）会后在 24 小时内发布会议纪要，公布会议结果。

6. 梳理有效的绩效报告

绩效报告可以使项目干系人了解项目的进展状况，在项目进度、质量、成本等方面与项目计划的偏差情况以及项目存在的问题和潜在的风险，是加强项目干系人间有效沟通的重要手段之一。通过有效的绩效报告，可以使项目干系人了解项目，增加对项目团队的信任，提高对项目的满意度，有利于项目的成功。

有效的绩效报告应该具有如下特征。

（1）很强的针对性。报告是为项目干系人做的，应该了解项目干系人对项目的哪些方面感兴趣，哪些方面是项目干系人关注的焦点。只有针对项目干系人关注的焦点传递信息，才容易被项目干系人接受和理解。

（2）很好的呈现形式。数字媒体项目千差万别，项目干系人的习惯也是千差万别，因此，应该根据具体情况选择合适的绩效报告的方式，更多地采用图表等简单、明了的报告形式。

（3）渐进明细。就像我们做项目计划一样，绩效报告也要注意不断完善，通过征求项目干系人的意见，调整项目绩效报告的形式。

9.2.4　沟通管理中容易出现的问题

1. 管理层面不够重视

从工作实践中可以发现，目前一些管理者在沟通方面存在以下问题：①思想认识欠缺，重视程度不足。有些管理者忽视沟通的重要性，在管理过程中没有将其纳入重要工作日程，或者虽在日程之中但未曾自觉地付诸实践，认为员工在工作中只要服从决策、接受命令，认真执行就行。在内部管理上，决策过程中往往只是管理者说了算，认为企业中一些决策无须让员工知晓，无须与员工沟通，也担心意见不统一甚至遭到反对而难以实现决策。②缺乏相应的沟通技巧，有些管理者即使有沟通意识也因缺乏沟通能力而达不到沟通的效果。管理者沟通能力的缺乏通常表现在：缺乏有效倾听的沟通技能，缺乏非语言信息沟通的技能以及口头和书面沟通的技能，包括不善于选择合适的沟通时机以及不适当的态度。

2. 员工缺乏主人翁意识

在管理较为垄断的企业中，或者只是企业化运作的事业单位，管理大多不够扁平化。很多员工在面对领导时，要么存在严重的自卑感，认为自己地位卑微，反正自己的意见领导也不会重视，多一事不如少一事，因此不必或者不愿意向领导反映情况，以避免引起领导反感，要么目空一切，认为领导和管理者与自己一样，也是普通的人，未必比自己高明多少，甚至还想以自己的意见拿捏领导、胁迫领导，以显示自己的能耐，也有的下属害怕自己的意见与管理者的理念不一致，会招来不必要的麻烦，还有些员工对上司的报告，多流于吹牛拍马，专讲好话，或大事不报、重事轻报、歪曲事实、隐瞒真相。凡此种种，都会影响到沟通作用的发挥。

3. 沟通渠道及方式运用不当

在目前的大环境下，职场官化现象较为严重，许多管理者与从业者的沟通往往不注意沟通的双向性，下行沟通多，而上行沟通的渠道过少；管理者常常倾向于纵向沟通，而忽略了横向沟通的重要性；没有加强对创新性渠道的运用；不能积极健康地引导非正式沟通。目前大多数企业内部的沟通依然停留在汇报、指示和会议这些传统的沟通方式上，有的即使开通了内网进行无记名的交流，下面的意见也很难引起决策者的真正重视。现有的沟通手段尚不能完全适应社会和科技的发展、企业成员的心理结构以及需要的层次变化。传媒业没能充分运用现代化的沟通工具为自我服务，使沟通顺畅。

9.2.5 良好沟通的管理策略

1. 制订项目的沟通计划

项目的沟通计划的编制是建立在足够的信息收集之上的，根据收集得来的信息，确定项目沟通要实现的目标，然后根据沟通的目标和确定项目沟通需求分解出项目沟通的任务，进一步安排项目沟通的时间和具体任务。项目沟通的需求可以根据 5W 来进行梳理。

（1）who，即与谁沟通，需要根据干系人的识别方法识别出需要进行沟通的干系人。

（2）what，即沟通什么内容，具体是指需要和谁沟通什么内容，以及需要从谁那里获取到哪些相关信息。例如，需要向上级汇报项目进展情况、需要给员工下达相应的任务、需要从供应商获取相应的材料报价等。

（3）when，即信息获取的时间和与干系人沟通的时间跨度等。

（4）where，即沟通的场合，项目的沟通可以选择的场合很多，沟通的对象、内容、情况不同，场合也会不一样。例如有可能在会议室，有可能在项目现场，也有可能是在咖啡厅。

（5）why，即选择用什么样的方式与干系人进行沟通。例如是书面沟通还是当面沟通，是电子文件还是纸质文件等，以及为何需要进行此次的沟通，要达到什么样的目的。

2. 沟通计划的实施

及时并有效地沟通不应该只是一句口号，而应该实际行动起来。编制沟通计划之后，项目经理应督促各项沟通按计划进行。在沟通的过程中，可以采取一些措施增进项目沟通的效果。

1）增强沟通各成员之间的能力

如前文所说，沟通过程中，会有相应的信息损耗。在进行项目有效沟通的时候，要充分认识到沟通中的困难，明白项目干系人之间因为立场、经历、背景等的不同，而存在的客观的沟通障碍。

项目团队成员应该具有一定的项目管理知识和实践经验，以此提高成员在项目工作中沟通的有效性。企业应推行项目化管理，对员工进行项目管理方面的培训。任何项目，仅仅依靠项目经理或少数人是无法成功的，必须依靠项目绝大多数干系人的支持。

2）克服项目沟通障碍

项目执行过程中，风险是多样的，有效沟通是避免风险的方式之一。立场不同，沟通的障碍便会存在，以下是一些常见的克服项目沟通障碍的方法。

（1）利用反馈的信息。反馈信息可以避免沟通中造成的误解和意思传达的不到位。反馈信息可以是语言的，也可以是非语言的。反馈信息包括对方的回应，也可以是主动向对方的提问或对信息进行概括等。

（2）使用恰当的语言。语言和措辞在沟通中应慎重选择，以使传达的信息清楚、明确，并有利于相关干系人接收理解。信息除了被接收以外，还应该被理解，信息传达者和接收者应使用接受能力一致的词汇，确保信息理解的效果。

（3）合理地使用非语言进行沟通。在沟通过程中，非语言的力量也是不容忽视的。人们往往通过观察和注意他人的行为与表情来判断沟通的效果，所以在沟通过程中，要积极使用非语言沟通提示，并确保和语言的匹配度，起到强化语言沟通的作用。

（4）恰当的沟通方式和沟通环境。根据沟通的问题和沟通的对象不同，沟通的方式应该有正式和非正式的区分，地点也应该视话题的严肃程度而有不同的选择。

本章小结

沟通不良常常成为项目成功面临的最大威胁，特别是干系人复杂的数字媒体项目。沟通是使一个项目顺利进行的润滑剂。项目沟通管理包括识别干系人、规划沟通、发布信息、管理干系人、报告绩效。此外为了改进项目沟通管理，项目主管和其团队必须掌握很好的冲突管理技巧，就像其他技巧一样。冲突解决是项目沟通管理的重要组成部分。

思考题

1. 简述沟通在项目管理过程中的重要性。

2. 项目经理应该如何有效安排沟通人员、沟通内容以及沟通计划?

3. 项目团队应如何有效避免沟通过程中产生的歧义、信息泄露以及信息传递错误、不完整等问题?

4. 项目经理应如何整理协调项目各方干系人的需求和期望? 如何处理其中的矛盾及冲突?

5. 举例一个大型项目,研究并阐述其项目过程中的沟通方法及所运用到的工具手段。

 即测即练

第10章 数字媒体项目的采购管理

🔍 **学习目标**

1. 理解数字媒体项目采购管理的概念，并明确项目采购管理的主要工作和意义。

2. 了解数字媒体项目规划采购的工作，并学会运用数字媒体项目采购管理的应对方法来解决一些问题。

3. 了解数字媒体项目采购控制的方法和技术，并且能够运用所学项目采购管理知识进行个人所从事的项目的采购管理。

🔍 **能力目标**

1. 提升根据项目需求和实际情况，筛选供应商的能力。

2. 掌握和供应商合作的方法及工作内容。

🔍 **思政目标**

1. 掌握和合作方制定符合规定、能保护双方利益的正规合同的方法，避免事务纠纷及不必要的法律问题。

2. 理解在采购过程中的履行合同的义务，依据合同内容完成项目和利益交换。

3. 树立正确导向的"契约精神"，杜绝采购环节的不法行为，做履行合同的好公民。

🔍 **导入案例**

成都影视硅谷集团有限公司因动画特效项目在全球大火，其逐步在全球建立了工作室。为了全球工作室更好地与总部协调配合，该公司提出了全球化采购的思想，并逐步将各分部的物品采购权集中到总部统一管理。目前，该公司下设四个地区的采购部门：北美采购部门、亚洲采购部门、非洲采购部门、欧洲采购部门，四个地区的采购部门定时召开线上会议，把采购信息放到全球化的平台上来共享，在采购行为中充分利用联合采购组织的优势，协同杀价，并及时通报各地供应商的情况，把某些供应商的不良行为在全球采购系统中备案。

在资源得到合理配置的基础上，该公司开发了一整套供应商关系管理程序，对供应商进行评估。对好的供应商，采取持续发展的合作策略，并针对采购中出现的技术问题与供应商协商，寻找解决问题的最佳方案；而对在评估中表现糟糕的供应商，则请其离开业务体系。

通过对供应商的优胜劣汰，各个公司与供应商的谈判能力也得到了质的提升，大大降低了采购总成本。

思考：

1. 在项目中，采购具有什么地位？

2. 应该如何进行合理科学的采购管理？

10.1 采购管理的概念及重要性

如本书前文所提，数字媒体项目与传统项目相比较，呈现出一些新的特点。因此，如表 10-1 所示，数字媒体项目的采购管理随着数字媒体的特征也相应呈现出一些新的特征。

表 10-1 数字媒体项目的采购管理

数字媒体项目	数字媒体项目采购管理
数字媒体项目的运作模式发生了变化	需要接触和购买的媒体数量增多
数字媒体项目的企业成本降低	采购、生产、经营、售后这一整条供应链可降低企业成本
数字媒体形式多样且增长速度快	数字媒体项目采购时效要求高，难以适应数字媒体项目的时间
表现形式多样，且难以预测	采购管理的文件描述容易发生变化，采购的文件清单在编写时不好把握
互动性强，与用户有较强的沟通和意见反馈	采购时涉及的人员增多

10.1.1　项目采购的概念

项目采购是指项目团队从组织外部获取货物或服务的过程。采购管理一般包含规划采购、实施采购、采购管理和结束采购四个过程。前两个过程是为了采购签下相应的合同，后两个过程是为了执行和关闭合同，形成采购的闭环。项目采购一般都是以合同为媒介，卖方按合同规定提供货物或服务，买方按合同规定支付货款或是其他约定好的形式的报酬。

采购过程中，买卖双方各有自己的目的，并在既定的市场中相互作用。卖方在这里称为承包商、承约商，常常又叫作供应商。承包商或卖方一般都把他们所承担的提供货物或服务的工作当成一个项目来管理。

10.1.2　项目采购管理及重要性

项目采购管理，指在整个项目过程中从外部寻求和采购各种项目所需资源的管理过程。项目采购管理由以下几个管理过程组成：采购规划、发包规划、询价、卖方选择、合同管理以及合同收尾。

（1）采购规划。决定一个项目采购什么、什么时候采购以及如何采购。

（2）发包规划。以文件记录所需的产品以及确认潜在的渠道。

（3）询价。取得报价单、标书、要约或订约提议。

（4）卖方选择。从潜在的卖主中做出选择。

（5）合同管理。管理与卖主的关系。

（6）合同收尾。合同的执行和清算，包括赊销的清偿。

这些过程之间以及与其他领域的过程之间相互作用。如果项目需要，每一个过程可以由个人、多人或团体来完成。虽然在这里列举的过程具有明确定义的分界面，事实上它们是互相交织、互相作用的。

项目采购管理是企业为了完成生产和销售计划，在确保质量可靠的前提下，从适当的供应厂商，以适当的价格，适时购入必需数量的物品或服务的一切管理活动。项目采购管理的重要性表现在以下几个方面。

（1）保障供应是为了保证企业项目正常完成。物资供应是物资生产的前提条件。生产所需要的原材料、设备和工具都要由物资采购来提供，没有采购就没有生产条件，没有物资供应就不可能进行生产。

采购供应的物资质量好坏直接决定了本企业开发产品的质量高低以及能不能开发出合格的产品。

（2）采购成本构成了企业的生产和经营成本的主体部分。采购成本包括采购费用、购买费用以及管理费用等。采购成本太高，将会大大降低开发产品的经济效益，甚至造成亏损，致使企业生产和经营陷入困境。

（3）采购是企业与资源市场的信息接口，是企业外部供应链的操作点。只有通过物资采购部门人员与供应商的接触和业务交流，才能把企业与供应商联结起来，形成一种相互支持、相互配合的关系。待条件成熟以后，可以组织成一种供应链关系。同时，物资采购人员也比较容易获得市场信息，可以为企业及时提供各种各样的市场信息，供企业进行管理决策，从而使企业在管理方面、效益方面都登上一个崭新的台阶。

（4）采购是企业科学管理的开端，企业的物资供应是直接和生产相联系的。物资供应模式往往会在很大程度上影响生产模式。如果实行准时采购制度，则企业的生产实行类似丰田公司的"看板方式"，企业的生产流程、物料搬运方式都要做很大的变动。如果实行供应链采购制度，需要实行供应商管理库存、多频次小批量补充货物的方式，这也将大大改变企业的生产方式和物料搬运方式。所以，如果物资采购提供一种科学的供应模式，必然会要求生产方式、物料搬运方式都做出相应的变动，共同构成一种科学管理模式，而且这种科学管理模式是以物资采购供应作为开端而运作的。

（5）采购是大部分数字媒体项目中必不可少的一环。跨组织的协作以及技术的合作，能保证项目的效率以及创新度。能否高效、成功地对技术或物资进行采购，决定了项目的成败以及项目质量的高低。项目组成员应保持客观综合的态度对采购进行考察，监督采购过程并确保成本的控制，以此来完成对项目所需物资的采购。

10.1.3　数字媒体项目采购的四大过程

1. 规划采购

数字媒体的规划采购包括决策购买什么、什么时候购买和怎样购买。在采购计划中，决策者需要明确在项目的什么部分采取外包的方式、决定合同的种类，并且向潜在的卖方描述工作的内容。我们对卖方的定义包括承包商、供应商或者那些为其他组织和个人提供产品或者服务的组织。这一系列过程输出包括采购管理计划、工作内容说明、自制或外购决策、采购文件、供应商选择标准以及变更请求。

2. 实施采购

数字媒体的实施采购包括：获取卖方的回应，选定卖方、授予合同。这个阶段文件输出包括选定卖方、采购合同的授予、资料日历、变更请求、项目管理计划、其他项目文件等。

3. 采购管理

数字媒体的采购管理会涉及已经选定的卖方与数字媒体企业的关系管理，合同绩效的监督和所需要变更的决定。这个过程会输出采购文档、组织过程更新、变更请求、项目管理计划更新。

4. 结束采购

数字媒体的采购项目在结束采购这个阶段涉及每个合同的完成和处置，包括未清条款的解决。输出文件包括采购终止和组织过程更新。

通过上面的描述，图 10-1 展示了可以按照数字媒体项目中发生的时间先后顺序来表示其中的内容。

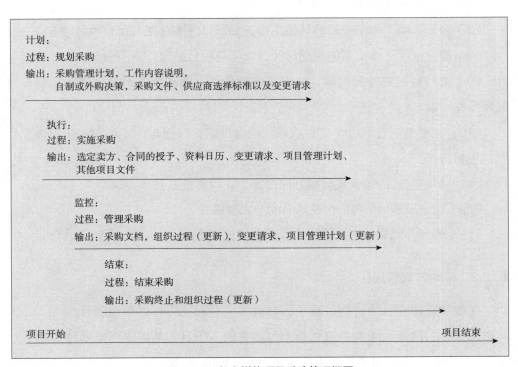

图 10-1　数字媒体项目采购管理概要

10.2 项目采购规划

项目采购规划是采购的第一主要过程，做好采购规划，采购团队成员才能更好地实施并监管采购的过程。项目组团队以及采购人员应该针对项目的特性、需要采购的内容和市场情况等，对项目的采购进行详细规划。项目组需要决定采购的内容、如何在采购时进行供应商的选择以及如何拟定合同。

10.2.1 采购内容规划

具体来讲，项目采购规划包括以下内容。

（1）拟定采用合同的类型。

（2）考虑可能出现的风险管理事项。

（3）是否需要编制独立估算，以及是否应把独立估算作为评价标准。

（4）如果执行组织设有采购、发包或采办部门，项目管理团队可独自采取的行动。

（5）制定标准化的采购文件。

（6）做好供应商的选择和管理。

（7）协调采购工作与项目的其他工作，如制订进度计划与报告项目绩效。

（8）确定采购工作所需的提前时间，以便与项目进度计划相协调。

（9）进行自制或外购决策，并把该决策与估算活动资源和制订进度计划等过程联系在一起。

（10）规定每个合同中可交付成果的进度日期，以便与进度计划编制和进度控制过程相协调。

（11）识别对履约担保或保险合同的需求，以降低某些项目风险。

（12）确定采购/合同工作说明书的形式和格式。

（13）管理合同和评价卖方的采购测量指标。

10.2.2 采购方式规划

在数字媒体项目的规划采购中，有很多工具和技巧可以帮助项目经理及其团队做出正确的决策。采购的形式是多种多样的，项目团队需要判断哪种形式更合适，因为不同的采购方式所取得的效果是不一样的。

1. 自制或外购分析

项目团队需要判断是选择自制还是选择外购。作为数字媒体项目采购下一种通用的管理技术，自制或外购分析用来决定一个组织应该自己生产或者开发产品、提供某项服务，还是应该从外部企业去获取产品或服务。在这类问题的分析中包含自己开发某个产品、提供某项服务所产生的一系列成本，并且将其与外包给其他组织开发的成本相比较，选出最适合的方案。

例如，某数字媒体公司需要采购服务器，采购价格为 24 000 元，并且这个设备每个月还会产生 2 000 元的运营成本。假设公司可以以每月 3 000 元的价格，其中包括运营成本，租赁同样的设备。我们可以通过计算得出什么时间段采购和租赁的成本是一样的。

设月份为 X。

$$3\,000X = 24\,000 + 2\,000X \qquad 得出\ X = 24$$

这就意味着在 24 个月中，公司的采购和租赁成本是一样的。所以，如果公司需要这个设备的时间少于 24 个月的话，可以分析出租赁的方案比购买的方案要更经济一些；反之则购买优于租赁。一般来讲，对于短期而言，租赁的成本更低一些；而对于长期而言，租赁的成本就相对较高。

2. 采购的四种常见方式

采购是项目的重要组成部分，采购管理好坏不仅会影响项目的成本，还会影响项目最终的成败。项目采购不同于销售，销售以挣钱为目的，而采购是以达到项目既定目标为目的的。在项目采购活动中，采购人员一定要牢记采购目标和内容，排除外部干扰，以采购到合适的产品或服务为目的。

表 10-2 展示了常见的采购方式的优劣势对比，项目组团队和采购人员应根据项目实际情况，做恰当选择。

表 10-2　常见的采购方式的优劣势对比

采购方式	优势	劣势
招标采购	适用于采购团队对采购内容的成本、技术信息掌握不完全；目的在于获取成本及技术信息，选择合适的供应商	过程虽公开透明，但是流程长、手续多，造成效率低下；投标方多，招标方耗时长，花费高
谈判采购	适用于缺少应标方，技术复杂，招标内容需要商讨，缺少时间，需紧急采购；缺少历史记录无法估算合同总额；实质为竞价谈判，采购团队直接邀请供应商就采购事宜进行谈判	不是自由竞争，易造成供应商哄抬价格； 不是公开谈判，易造成合同双方串通谋利

续表

采购方式	优势	劣势
邀标采购	适用于采购团队清楚了解项目成本及技术信息,并有多家供应商可供选择	不是自由竞争,初选供应商少、范围窄;不是公开谈判,所选供应商可能不是最优的
固定采购	适用于采购团队清楚了解项目成本及技术信息,但只有少数供应商可供选择;实质为确定供应商,建立长久关系,以期双方共赢	不是自由竞争,易造成对供应商依赖;不是公开谈判,无法控制成本

3. 几种常见的采购合同类型

数字媒体项目的合同类型是一个需要考虑的方面。不同种类的合同应用于不同的环境之中。合同类型主要有以下三种。

1)固定价格合同

固定价格合同,是指在约定的风险范围内价款不再调整的合同。双方需在专用条款内约定合同价款包含的风险范围、风险费用的计算方法以及承包风险范围以外的合同价款调整方法。固定价格合同又细分为以下三种类型。

(1)固定总价(或固定单价)型合同。固定总价(或固定单价)型合同是指合同的价格计算是以图纸及规定、规范为基础,工程任务和内容明确,业主的要求和条件清楚,合同总价(或者合同单价)一次包死,固定不变,即不再因为环境的变化和工程量的增减而变化的合同。

这种合同形式主要适用于工期比较短、对工程项目要求十分明确的项目。这种合同承包商的报价一般较高,但是,如果业主在签订合同之前能够确定项目建设的具体投资,将承担很小的价格变动风险。

(2)总价加激励费用合同。总价加激励费用合同是指合同总价固定,但买卖双方事先约定合同的最高限价(ceiling price)、目标成本(target cost)和卖方的目标利润(target profit),如果卖方能低于目标成本完成合同,结余部分由双方按一定的比例分成;相反,如果卖方的实际成本高于目标成本,超出部分按比例从卖方的利润中扣除。但不管卖方的实际成本是多少,买方最多支付不超过最高限价的金额。

这种合同类型为买方提供了一定的灵活性,卖方执行合同的绩效只有不低于既定目标才能获得相应的激励费用。其适用范围:执行期长、合同金额较大且产品能清楚定义的采购。

(3)总价加调整型合同。总价加调整型合同一般适用于工期长的项目,有利于买卖双方维持长期关系，根据合同条件，以事先约定的方式对合同价格进行调整。例如，根据条件变化（如通货膨胀、某些特殊商品的成本增加或降低），以事先确定的方式对合同价格进行最终调整的特殊的固定价格合同。其适用范围：卖方履约要跨越相当长的周期或买卖双方之间要维持多种长期关系的采购。

2）成本补偿合同

成本补偿合同，涉及向供应商支付直接和间接的实际成本。直接成本是指那些项目中直接与生产产品或者提供服务相关的实际成本，在数字媒体项目中，一般情况下，可以对成本进行经济、有效的追溯；间接成本是指那些在项目中与生产产品或者提供服务不直接相关的实际成本，如为了保证数字媒体项目顺利进行而产生的环境方面的成本都是间接成本。

成本补偿合同往往包含以下费用：如利润率，达到或者超过项目某项特定目标的激励。这种合同一般适用于那些提供涉及新技术的产品和服务的项目。在成本补偿合同中，相比固定费用合同来讲，买家承担了更多的风险。这种合同一般适用于在项目开始阶段，合同内容无法准确定义，合同范围需要在执行过程中进一步明确并做出调整的情况。其根据风险由高到低排列为：成本加成本百分比、成本加固定费用、成本加激励费用和成本加奖励费用。

（1）成本加成本百分比合同（CPPC）。成本加成本百分比合同为卖方报销卖方实施合同工作发生的允许成本，同时卖方获得一定的酬金，通常按照商定的百分比以成本为基数计算。酬金因实际成本的不同而异。从买方的角度看，这是最不理想的合同，因为对供应商没有减少成本的激励。实际上，因为是根据成本的百分比，增加成本可以提高他们的利润水平，所以他们反而有增加成本的倾向。买方这时承担了所有的风险。

（2）成本加固定费用合同（CPFF）。成本加固定费用合同是指买方除了支付给供应商许诺的执行成本以外，还要支付一个根据估计成本百分比得到的固定费用的合同。只要项目的范围不改变，费用就不会改变。例如，一个户外广告的数字媒体项目，预期成本为 200 000 元，固定费用就是 200 000 元。如果实际的成本上升到 250 000 元并且项目保持原有的范围，承包商仍然只能收 200 000 元的费用。

（3）成本加激励费用合同（CPIF）。成本加激励费用合同是指买方根据事先约定向供应商支付许诺的费用以及激励补偿金的合同。为了降低合同成本，采购方常常支付激励费用给供应商。如果最后的成本比预期的要低，那么买方和供应商根据事先商榷的比例进行结算，都可以从成本节约中获利。

（4）成本加奖励费用合同（CPAF）。成本加奖励费用合同是指买方除了支付给供应商许诺的执行成本以外，还要在卖方满足了客观执行标准的基础上支付奖励的费用的合同。例如，我们去餐馆就餐，除了支付就餐本身的费用外，额外还会根据服务质量的好坏给出小费。这种类型的合同一般在数字媒体项目采购管理中很少出现。

3）混合合同

混合合同，也叫工料合同，具有成本补偿类型合同和总价类型合同的一些共同特征。这种合同一般适用于在项目开始阶段合同内容无法准确定义，合同范围需要在执行阶段进一步明确并做出调整的情况。

这类合同一般是开口合同，上不封顶，与成本补偿合同相似，因而买方承担了很大的风险，此外，也定义项目单价，同时具备单价合同类型的某些特征。在这种合同中，买卖双方都承担了一定程度的风险。因为合同额不固定，所以买方会承担一定的风险。由于合同总额上限固定，因而卖方也会承担一定的风险。

总结这几类合同各自对于买方和卖方而言不同的风险程度。图 10-2 展示了在固定价格合同之下，购买者承担了最小的风险，因为他们确切地知道自己应该给供应商支付什么。在成本加成本百分比合同中，购买者有最大的风险，因为他们通常事先不知道该花费多少，并且供应商有提高成本的倾向。从供应商而言，在成本加成本百分比合同中承担的风险最小，而在固定价格合同中承担的风险最大。

购买者可以以一定的小时费率找到顾问专家来完成特定的采购任务，买方应该每天或者每周对工作进行衡量，来决定是否继续使用这些顾问。在这种情况下，合同中应该包含终止条款，就是允许供应商或者买方终止合同的条款。在某些合

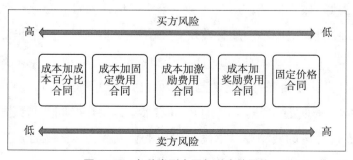

图 10-2   各种类型合同与对应的风险

同中，甚至允许买方单方面以任何理由终止合同，只需要提前 24 小时通知供应商。但是供应商要终止合同的话，需要提前一周通知买方而且需要有充分的理由。

合同是保障合作双方利益的重要手段。项目组织成员应与合作方制定符合规定、能保护双方利益的正规合同，避免事务纠纷以及不必要的法律问题。同时，合同双方应履行合同义务，依据合同内容完成项目和利益交换。双方都应主动避免霸王条款以及损害行业规则的内容，应保证合同内容对项目和社会是有正面贡献的。

10.2.3　供应商的评估与选择

对于数字媒体企业而言，确定供应商评价标准很重要，最好在正式的建议申请书之前就准备好。选择合适的供应商，相当于选择一个长期的合作伙伴，对于项目组织而言具有长远的战略意义，因此在项目组织过程中，应该根据相应的标准进行评价，从中选择合格的供应商。一般来讲，供应商的选择标准在项目采购计划的制订过程中，就应该设计出来。

表 10-3 展示了数字媒体企业可以使用评价标准评估并为提案进行打分，并且可对每个评价点赋予不同的权重，来表明它们不同的重要程度。在正常情况下，评价点包括技术方面（30% 的权重）、价格方面（20% 的权重）、绩效方面（30% 的权重）和质量方面（20% 的权重）。评价点必须是明确的、客观的。例如，项目方可以利用表 10-3 对供应商进行打分。（10 分为满分）

表 10-3　供应商选择表

供应商	技术方面	权重	价格方面	权重	绩效方面	权重	质量方面	权重	合计
A	7	0.3	10	0.2	8	0.3	10	0.2	8.5
B	8	0.3	5	0.2	8	0.3	10	0.2	7.8
C	9	0.3	9	0.2	8	0.3	10	0.2	8.9
D	7	0.3	10	0.2	8	0.3	10	0.2	8.5

从合计可以看出 C 供应商更符合采购的要求。

衡量标书的一个关键方面是投标者以往的业绩，特别是对于那些涉及信息技术的项目。在建议申请书中应该要求投标者列明他们以前所从事的类似项目记录，并且提供那些项目的相关用户信息作为参考。评审绩效记录及参考信息，可以帮助买方降低选择一个绩效差的公司的风险。供应商应该描述他们对于买方需求的理解、买方的技术和财务能力、买方对于项目管理准备采用的方法，以及买方提供所要求产品或者服务的价格。通过合同来保护买方的利益很有必要。

　　除了硬性的业绩指标需要考核以外，供应商的行业口碑、行为作风、团队组成等也需要被纳入考核范围内，需要确保所合作的供应商是运营健康并有能力完成合作内容的。不应接受供应商的行贿受贿行为，以免为合作带来负面影响，影响项目的正常开展。

10.3　项目采购的实施

　　数字媒体项目采购的实施是在签订计划之后进行的。实施采购是获取卖方应答、选择卖方并签订合同的过程。采购管理过程涉及让谁去完成这些工作、给潜在的供应商寄送适当的文件、获得提案或者标书、选定合适的卖方并签订合同。

　　本过程的主要作用是，选定合格卖方并签署关于货物或服务交付的法律协议，成果是签订的协议，即正式合同。该过程应根据需要在整个项目期间定期开展。项目采购的实施过程的两个主要输出分别是选定卖方和采购合同的签订。

10.3.1　选定卖方

　　选定卖方中，项目管理组需要考虑如何选择供应商，如何对价格进行判断以及选择供应商的渠道。

　　1. 如何选择供应商

　　（1）直接重构。实施方可以通过各种渠道来对购买外部的商品或者服务进行宣传。有时对买方而言，某个供应商可能是他们优先选择的目标。在这种情况下，买方仅仅将采购信息通知这个供应商就可以了。许多数字媒体的企业与特定的供应商之间建立了良好的合作关系。

　　（2）多方竞争。在许多情况之下，具备提供相应产品或者服务资质的供应商不止一家。常常可以利用竞争性的市场环境，通过各种渠道提供信息和获得标书。随着各个组织在全球范围内找到了合适的供应商，离岸外包这一方法的使用率获得了较大的增长。采用竞争性投标策略的卖方能获得比预期更低的价格、获得更好的产品或者服务。

　　（3）采购方案评估。投标者会议，是一个在准备提案或者标书以前买方与期望的供应商一起召开的会议。这个会议帮助确保每一个人都能够对买方所要求的产品或者服务有一个清晰的、共同的理解。在某些情况下，这些投标者会议可以通过网络来进行，或者采用其他通信手段。买方也会将采购信息公布在互联网上，并且在互联网上与投标者进行沟通。在投标者会议召开之前、之中和之后，买方可能将对问题的回馈作为补充内容编入采购文档。

当买方收到提案或者标书的时候，他们可以选择某一个供应商或者放弃此次采购。选择供应商或者卖家，经常被称为资源选择，包括评价卖家的提案或者标书，选择最好的一个，并就合同内容进行谈判，然后签订合同。这是一个非常耗时又很枯燥的过程，特别是对于那些大型的采购项目。某些利益相关者应该参与到为采购项目选择供应商的过程中来，每个团队承担评价提案中某一个章节的责任。数字媒体企业可以建立一个技术团队、一个管理团队以及一个成本团队，它们各自关注擅长的领域。一般来讲，买家会将列表中的供应商数量缩减至 3 ~ 5 家，来减少选择的工作量。该过程的主要产出是：被选定的供应商、一份合同、一个合同管理计划、资源可得性信息、根据所选的供应商而对项目要求的变更、对采购管理计划的更新。

资源选择方面的专家强烈建议，买家在资源选择的过程中应使用正式的提案评价表。表 10-4 展示了一个提案评价表的例子，项目团队可以使用它来创建一个包含 3 ~ 5 个最佳提案的列表。某一个评判标准的分数通过将其权重与其得分相乘而得到。每一个提案总的加权分可以通过汇总所有的分数而获得。具备最高加权分数的供应商应该被列入可能入选的供应商的清单。专家同时建议，技术所占的权重不应该超过管理或者成本的标准。许多数字媒体的企业往往将技术看得很重，认为技术为王，在很多行业中都可以证明技术为王的观点存在缺陷。

表 10-4　提案评价表的样例

标准	权重 /%	提案 1		提案 2		提案 3	
		打分	分数	打分	分数	打分	分数
计划方面	30						
管理方面	30						
以往绩效	20						
价格	20						
总分	100						

2. 如何对价格进行判断

采购询价：当一个数字媒体项目的采购实施时，还需要对供应商展开一系列的询价。通常的做法是编制采购管理计划、梳理工作明细表和整理其他计划输出。图 10-3 展示了询价计划包括准备询价中所需的单证文件。

图 10-3   询价计划输入输出

1）询价计划的输入

（1）采购管理计划。确定项目需求可通过采购项目组织之外的商品和劳务来满足的过程，包括是否采购、怎样采购、采购什么、采购多少和何时采购等。

（2）工作明细表。其详细地规定了采购项目，以便未来的卖方决定他们是否有能力提供这些项目。描述项目所需采购的内容，包括硬件系统和软件系统。

（3）其他计划输出。当它们被考虑为采购计划的一部分时，它们有可能被修改，当它们被认为是询价的一部分时，也可能再被修改。特别指出，询价计划应与项目进度十分协调。

2）询价计划的工具和方法

（1）标准表格。标准表格可包括标准合同、标准采购项目说明、全部或部分标准投标文件。进行大量采购的组织应使大部分单证文件标准化。

（2）德尔菲法。德尔菲法也称专家意见法，是一种采用通信方式分别将所需解决的问题单独发送到各个专家手中，征询意见，然后回收汇总全部专家的意见，并整理出综合意见，随后将该综合意见和预测问题再分别反馈给专家，再次征询意见，各专家依据综合意见修改自己原有的意见，然后再汇总，这样多次反复，逐步取得比较一致的预测结果的决策方法。这种方法具有广泛的代表性，较为可靠，它具备以下优点：①吸收专家参与预测，充分利用专家的经验和学识。②采用匿名或背靠背的方式，能使每一位专家独立自由地做出自己的判断。③预测过程几轮反馈，使专家的意见逐渐趋同。

（3）广告。现有的潜在卖方名单常常通过在普通出版物，如报纸或专门出版物和专业刊物上做广告而得到扩充。在一些国家某些类型的采购项目要求公开向大众做广告，在大多数国家要求政府合同下的子合同公开向大众做广告。

3）询价计划的输出

（1）采购单证文件。采购单证文件被用来引诱潜在的卖方提出建议。我们通常称之为"标书"和"报价单"，一般用在渠道选择采用价格导向的时候。"意见"一般用在技术或方法等非资金因素最重要的时候，如购买专业服务。然而这些术语经常在使用中互换，因而不要想当然地认为术语按其暗含的意思使用。不同采购单证文件的通用名称包括投标邀请函、意见请求书、报价单请求书、磋商邀请函和合同方回函等。

采购单证文件应使用合理的结构，这样做能从卖方得到明确和完整的答复。采购单证文件应包括相关的工作明细表，对卖方答复形式的规定和必要的合同条款，如格式合同，不得泄露商业秘密条款。

采购单证文件部分或全部内容的结构要符合法令，特别是政府机构的合同。采购单证文件要足够严谨，以确保卖方的答复准确、完整，但也要有一定的弹性从而允许卖方提出满足需求的更好的建议。

（2）评估标准。评估标准用以给出建议评价和打分。标准也许是客观的，例如，项目经理应具有项目管理专业证书，或主观的如项目经理应具有管理相似项目的经验，评估标准往往是采购单证文件的一部分。

如果采购项目已经存在于一些可接受的渠道中，评估标准可限于采购价格，采购价格包括采购项目的成本和采购费用。如采购项目还不存在，那么应制订其他标准以形成一个完整的评价制度。例如：

①对需求的理解——可由卖方建议看出。

②总周期成本或生命周期成本——选出的卖方是否能生产出最低成本，如采购成本加上经营成本。

③技术水平——卖方是否具有，或是否有理由相信卖方能获得需要的技术和知识。

④管理方式——卖方拥有，或有理由相信卖方拥有一套确保项目成功的管理程序。

⑤资金——卖方是否拥有，或是否有理由相信卖方获得所需资金。

（3）工作明细表的修订。一份或多份工作明细表的修订应在询价计划期间确定。

3. 选择供应商的渠道

渠道选择包括标书或建议书的接收和使用评估标准对供应商进行选择。这个过程涉及诸多因素。

（1）价格也许是主要决定因素。但是如果卖方不能及时应贷，因为时间成本的关系，所以最低的价格也许不是最低的成本。

（2）建议书可分成技术或方案部分和商业或价格部分，各部分应独立评估。

（3）对关键性产品应采用多渠道，渠道选择的工具和方法包括以下几种。

①合同磋商。合同磋商是合同签订前的步骤，包括对合同结构与要求的澄清和合意。最终的合同文本应反映所有已达成的合意。合同的内容涵盖不仅仅限于责任和权力，适用的条款和法律，技术和商业管理方案，合同融资以及价格。

对于复杂的采购条款，合同磋商应是一个独立的过程，该过程有自己的输入，如一个问题或公开项目表，以及输出，如备忘录。

②加权法。加权法是对定性数据的定量分析，以尽量降低渠道选择中的人为偏见影响。该方法包括：给每一评估标准设定一个权重；按每一标准为卖方打分；求得权重和分数之积；把所有的乘积求和得到一个总分数。

③筛选法。筛选法包括一个或几个评估标准确定最低要求。通过这种方法来筛选符合标准的内容。

④独立评估。对很多采购项目，采购组织要自己评估价格。如果评估有明显的差别可能意味着工作明细表不充分，也可能意味着卖方误解或者没能完全答复工作明细表。独立估计常被称为"应该花费"估计。

10.3.2　采购合同的签订

在资源选择过程中，进行合同谈判频率是很高的。在筛选名单上的供应商通常被要求准备一份最好的最终报价。那些专职合同谈判的人经常处理那些涉及高额资金的合同谈判。另外，在做最后决定之前，双方的高层管理人员通常会见面。选择卖家的过程最后是输出一份合同，要求供应商提供特定的产品或者服务，以及要求买方为其支付成本。对于某些项目，准备一份合同管理计划来详尽描述如何管理合同也是比较适当的做法。

10.4　项目采购的管理

数字媒体项目采购的管理可保证供应商的执行结果满足合同的要求。合同关系属于法律关系，并且应该服从于国家的法律法规。适当地让法律与合同专家参与撰写和管理合同也是十分重要的。

在理想情况下，项目经理、一位项目成员或者一名积极的用户都应该充分参与到撰写和管理合同中来，这样才能保证每一个人理解合理的采购管理的重要性。在合同条款上，数字媒体项目团队应该咨询专家的意见。项目团队成员必须清楚：如果他们不了解合同，那会产生潜在的法律问题。

例如，数字媒体项目中我们是欢迎变更的，并且这些变更必须在合同的约束下得到正确的处理。在不合理的合同条款下，项目经理就可能无法意识到自己在让对方增加额外的成本。因此，变更控制是合同管理过程的一部分。

下面这些建议对确保足够的变更控制和良好的合同管理会有所帮助。

（1）对数字媒体项目任何部分的变更，都需要由相同的人用与批准该部分的最初计划时相同的方式进行评审、批准和验证。

（2）对任何数字媒体项目变更的评估都应当包括一项影响分析，分析变更将怎样影响所提供的商品或者服务的范围、时间、成本和质量。

（3）数字媒体项目采购管理变更必须以书面的形式记录下来。项目团队成员应当记录所有重要的会议和信息。

（4）数字媒体项目采购管理中如果购买复杂的信息系统，项目经理及其团队必须保持密切参与，以确保新的系统能满足商业需求并在业务环境中运作。不要因为你选择了一个守信用的供应商就假定每件事都会顺利地进行下去。买方组织也需要提供专业技术。

（5）数字媒体项目采购管理制订备选计划，以防新系统投入运行时没能按照计划工作。

（6）一些工具和技巧对合同管理有所帮助，例如，正式的合同变更控制系统、买方主导的绩效评审、检查和审计、绩效报告、支付系统、索赔管理和记录管理系统等，都可用来支持合同管理。

10.5　结束项目采购

　　项目采购收尾是在合同当事人履行完毕各自的合同义务后，进行的已完成工作与成果的验收、验证和交付等方面的工作。同时，数字媒体项目合同的收尾与行政收尾情况相似，因为它既涉及产品核实，又涉及行政收尾。例如，处理未决索赔、更新记录以反映最后的结果，以及把信息存档供未来使用等。需要针对项目或项目阶段中的每个合同，开展结束采购过程。

　　1. 合同收尾的投入

　　合同文件包括但不限于合同本身及其所有的支持文件，包括进度、申请与得到批准的合同变更、卖方制定的所有技术文件、卖方的绩效报告、发票与支付记录等财务文件，以及所有与合同有关的检查结果。

　　2. 合同收尾的工具和技术

　　采购审计指对从采购规划直到合同管理的整个采购过程进行系统的审查。其目的是找出可供本项目其他事项采购或实施组织内其他项目借鉴的成功与失败之处。

　　3. 合同收尾的产出

　　（1）合同档案。整理出一套编有索引的完整记录，将其纳入项目最终记录。

　　（2）正式验收与收尾。负责合同管理的人员或组织应向卖方发出正式书面通知，告知合同已履行完毕。正式验收与收尾的要求通常在合同中有明确规定。

🔍 本章小结

　　数字媒体项目采购管理包括项目硬软件采购、技术合作、外包服务采购等，数字媒体项目规划采购的工作，包括使用合同的恰当类型决策、准备采购管理计划、合同内容说明书、供方选择标准以及自制或外购分析。这些过程主要有：规划采购、实施采购、采购管理和结束采购。

　　数字媒体项目采购管理的第一步是规划采购，这是所有采购类型项目的关键。这一过程的主要输出包括采购管理计划、工作内容说明、自制或外购决策、采购文件、供应商选择标准以及变更请求。

　　数字媒体项目的实施采购阶段文件输出包括选定卖方、采购合同的授予、资料日历、变更请求、项目管理计划和其他项目文件。

数字媒体项目采购管理过程中会输出采购文档、组织过程更新、变更请求和项目管理计划更新。

数字媒体项目结束采购过程中会输出采购终止和组织过程更新。

项目采购管理不得力是项目失败的一个关键原因。对于数字媒体项目而言，要实现有效的项目采购管理，重要的是制定清晰的采购工作说明书及建立采购变更管理的流程。

有许多可行的软件产品可用来支持项目的采购管理。Project 是一个综合的项目管理软件。

🔍 思考题

1. 以一个你熟悉的项目为例，解释利益相关者矩阵如何帮助项目经理有效地管理、协调采购项目中的重要关系。

2. 在数字媒体项目中，采购过程主要会经历哪些阶段？

3. 采购对于数字媒体项目的意义是什么？

4. 项目团队在采购过程中，应该如何保护自己的利益？

5. 某公司为本地区所有卫生机构提供专业服务，包括为当地 4 家医院和 45 个诊疗点的在线诊疗服务提供图像技术支持。史蒂夫是技术支持部的经理，他谙熟于图形图像处理技术，其他知之甚少。公司总裁要开发一套在线帮助系统，以帮助电脑用户从任意地点通过访问系统网站获得数据支撑，免除人工转接电话的程序。他现在有三个方案：方案一，整个项目交给技术支持部经理和他的团队去负责实施。方案二，按项目管理的方法，由技术支持部经理负责监管当地软件公司派来的两名软件开发人员（按小时计算），当地软件公司的经理是技术支持部经理的好朋友，他们以前一起合作过。方案三，整个项目按固定价格交给当地软件公司管理。那么：①从采购顾问的角度评估上述三个方案各自的优缺点。②为公司的总裁提出该项目的其他战略和方法。

🔍 即测即练

第11章　数字媒体项目的收尾与评价

 **学习目标**

1. 了解数字媒体项目收尾工作的重要性。

2. 掌握数字媒体项目收尾的工作流程及方法。

3. 掌握数字媒体项目的客户评价。

 **能力目标**

1. 具备识别干系人的项目验收需求分析的能力。

2. 具备项目收尾与评价中的沟通能力，正常完成合同终止。

3. 掌握组织过程资产的收集整理能力。

 **思政目标**

1. 掌握在处理项目收尾工作中与客户解决冲突的正确方法。

2. 了解合同终止中需杜绝的违规行为。

 **导入案例**

张工是云南某影视后期制作公司技术项目的负责人，刚完成了一部企业宣传片的后期制作项目。

该项目的客户是一家非常有影响力的大企业，客户代表是企业的市场负责人，和公司老总的关系很好。项目过程中，客户提出的各种要求，张工和团队的技术人员基本全盘接受，生怕得罪了客户，进而影响公司老总对自己能力的看法。现在项目结束，在进行验收时，客户又对原有的项目要求做出调整，项目组无法和客户达成一致，导致该项目迟迟不能验收，正常终止合同。如果按照客户要求，该项目基本回到原点重来，会导致项目严重亏损。

思考：

1. 在项目中，应该如何约定项目可交付成果标准并执行？

2. 项目经理应该如何规避项目收尾阶段的变更，如何解决冲突管理？

11.1　项目的结束与验收

11.1.1　项目结束时的清单

项目的收尾过程组是终结一个项目或项目阶段的管理工作过程，为正式完成或关闭项目、项目阶段或合同而开展的过程。项目结束时，如果没有结束过程对项目结果的验收和接受，就盲目结束项目或开始下一阶段工作，会导致客户、管理层的不满意，或给项目下一阶段的工作留下许多隐患。因此，在项目或项目阶段结束时，需要处理好结束工作，以确保项目圆满完成。于数字媒体项目而言，每一阶段的工作和项目的交付结束工作同等重要，一定意义上讲，项目收尾阶段工作的优劣，决定了该项目组织的发展。

1. 获得用户认可

这一步关键在于确保客户正式确认并接受项目可交付成果。此清单应该在结束项目前就完成，这通常会作为用户验收、实施后调查或最后通过会议的退出标准来处理。同时，数字媒体项目的每一个阶段结束也都应该确保用户的需求得到满足并认可，才能按照用户的需求正确开展下一个阶段。

2. 将可交付成果交付给所有者

在项目得到客户认可后，就应该完成必要的步骤并将项目可交付成果交给客户。在数字媒体项目中，尤其需要注意数字类型的素材和产品的交付，应全部交付完成，注意版权的归属问题。

3. 合同义务完结

项目结束后，交付完可交付成果，合同也应该相继完结。这时应与采购顾问协作，确保履行了合同关系中的所有义务，满足了所有退出标准。确保合同中的所有条款都得到闭环。

4. 总结经验教训

在项目结束阶段，总结是必不可少的环节。不管是项目好的方面还是项目坏的方面，都要做相应的总结。因为现在的经验可为以后的项目提供富有建设性的意见，同时避免犯类似的错误。为未来的项目或者项目工作人员留下参考手册，实现项目团队的可持续发展。

5. 更新数据信息库

在项目过程中，会产生大量数据、文件、案例、素材以及经验等内容，这些都是每个项目的隐形成效。项目团队应该将过程记录和可交付成果都记录在信息储存库中，丰富信息和数据，为以后更多的项目储备经验。

6. 公布财务状况

项目结束时，除了确保合同的开支完成之外，项目会计人员、采购人员或者项目负责人应该协同合作，确保已完成所有的财务交易，如开具发票等。此外，还要做最后的项目财务报告总结，如预算汇总和偏差分析等。确保项目的开支明细清晰、可测量、可复盘、可查找。

7. 进行绩效评估

在项目过程中，需要确保工作安排可跟进、可评估，能对项目团队成员进行绩效评估。除过程评估外，项目结束后，也应该对项目组团队成员进行绩效评估，完成正式的绩效评估表格和流程，为员工的职业发展做好铺垫基础。

8. 记录客户意见

数字媒体项目管理的核心在于用户的满意。客户满意度是项目发起人、项目团队为之努力的目标。当项目完成后，应该征求客户意见或评价，记录客户意见，为项目团队未来的发展做铺垫。

11.1.2　项目结束时的验收

项目验收，也称范围核实或移交，目的是核查项目计划规定范围内的各项工作或活动是否已经全部完成，可交付成果是否令人满意，并将核查结果记录在验收文件中。项目验收的依据是项目计划或经过修正后的项目计划。

项目最终验收不仅要确认项目的范围和质量是否符合设计要求，项目产品能否发挥所要求的功能，项目的成果是否达到了既定的目标，而且要确认项目的成本和进度绩效是否符合要求。总的来说，项目最终验收就是要确立项目是否完成了项目目标。

项目最终验收可以采取多种方法进行，例如进行项目成果测试、查验是否匹配项目计划、调研用户是否对项目接受等。项目产品的整体试运行是项目最终验收之前必须进行的工作，项目团队不仅可以在试运行阶段对项目产品进行调试和修正，还可以通过考察试运行的过程和结果来判断项目产品的功能是否符合要求。在试运行的基础上，再由各主要项目干系人组成的验收小组运用现场实地考察、专家鉴定等方式，对项目进行最后的集中验收。

在项目最终验收之前，需要进行大量的准备工作，具体包括以下几个步骤。

（1）根据项目计划完成项目的收尾，完成所有剩余工作。

（2）确保项目所有已经完成的可交付成果都已经分别在监控阶段通过了实质性的验收。项目章程中所要求的阶段性审批、阶段性验收、部分验收等工作，都是项目最终完工验收的基础必要条件，这些部分和项目整体验收一样，必须有完整的手续、详细的资料以及可复盘的文件数据资料。

（3）为项目的最后集中验收准备汇总性资料。在项目实施过程中所形成的文件资料，数量庞大且主题分散。项目验收小组不可能也没必要一一加以阅读。各主要项目干系人必须在这些日常所形成的文件资料的基础上，为项目集中验收编制专门的汇总资料，如各种专题报告，以便项目在做最后验收时，能清晰明确，同时高效准确地完成项目验收。

（4）项目文件资料的整理和归档，对项目启动、计划、执行、监控和收尾过程中所形成的项目文件资料，必须进行系统的整理和归档，生成永久性的项目档案资料。以便项目团队日后的复盘、查询或作为经验培训资料等。

为项目结束所做的一切资料准备，将在项目验收时连同项目交付成果一同移交给项目发起人，作为项目未来运行的重要依据，同时也需要进行整理归档，形成新的组织过程资产，供未来类似项目借鉴和员工培训。

11.1.3　成功进行项目收尾的意义

在项目的合同收尾和管理收尾两个部分中，合同收尾是与客户挨项核对，查看是否完成了合同所有的要求，项目是否可以达到结束的标准；管理收尾是对于团队内部而言，把做好的文档等进行归档，宣布项目结束，并做好经验总结与归纳。项目收尾的意义重大，是一个项目成功的重要管理手段，应该和项目其他所有过程组得到同等的重视。项目进行成功收尾的意义主要体现在以下几个方面。

1. 为项目提供评审依据

项目经理通过管理收尾工作、收集项目的最新信息和数据，并将这些数据与项目最初的计划进行比较，以此为判断来进行项目的绩效评定。判断团队的进度是提前还是落后、费用是超支还是节省、质量是否符合要求、范围是否完成等。同时，如果项目存在潜在的问题，项目经理也可以通过管理收尾工作来预测项目的完工绩效，尽早采取措施避免潜在问题的出现。

2. 与用户进行及时沟通

项目在各个阶段都应该及时与客户、用户进行工作沟通，一方面可以及时了解客户对项目的满意程度；另一方面可以及时解决一些问题、签署一些文件等，提高工作效率。因此，项目收尾阶段的沟通有利于及时与客户达成对项目的意见一致，避免纠纷等。

3. 有利于收集、整理、保存项目记录

项目的过程性文件较多，类目繁杂，在项目阶段刚刚结束时，项目成员手头都保留有比较完整的工作记录，这时收集起来较为容易。因此，一个成功的项目收尾，应该事先列出项目记录存档清单，例如在项目每个阶段哪些工作记录需要收集和保存，保存要求以及负责人等，并及时通知给相关责任人，在完成项目工作的同时，及时准确地收集记录，确保能向项目经理、项目其他干系人提供准确的工作记录。

4. 为项目最终收尾提供基本数据依据

项目最终收尾需要客观评定项目的最终绩效，一个好的收尾，可以提供真实、准确的数据，确保项目收尾的高效性，并协助团队完成经验教训的总结。

作为一个成功的项目经理，一定要重视项目阶段的收尾工作，不能当作可有可无的事情看待。

11.2　项目收尾后的评价

11.2.1　项目收尾后的评价特点

项目结束后进行评价是指在项目已经完成并运行一段时间后，对项目的目的、执行过程、效益、作用和影响进行系统的、客观的分析和总结的一种技术经济活动。其目的是找到下次做项目时可以改进的地方。对于项目结束后进行的评价，具有以下几个特点。

（1）权威性。项目结束后的评价通常来说是由资深专家来进行的。他们具有相关方面的丰富实践经验和深厚的理论修养，以及较强的沟通、研究能力，能对项目做出权威、准确的评价。

（2）前瞻性。项目结束后的评价是为以后的项目积累知识，并不是为了挑项目的毛病，更不是为了批评做项目的人。评价需要尽可能多地回顾过去，为未来做出更好的前瞻。

（3）全面性。项目评价时，需要对项目整体生命周期的过程进行全面评价，同时还需要对项目的九大知识领域进行评价，如成本、时间、质量、范围、管理、组织、环境影响、社会影响、经济效益等方面。

（4）公正性。项目收尾后的评价通常是由未直接参与项目工作的第三方独立开展。各个主要板块的干系人从自己的角度来做出评价，总结经验教训，得到整个项目的总体评价。

（5）反馈性。项目收尾后的评价结果需要及时反馈给项目团队、相关干系人等，以便项目知识的积累、组织过程资产的积累和项目的经验总结。

进行项目收尾后的评价是非常有必要的一个过程。基于项目完成后的认知水平，人们可以指出过去工作中值得改进的地方，这些改进意见可以为今后的工作提供重要的参考。

11.2.2　项目收尾后的评价标准

项目的成功有一定的且各自不同的衡量标准。通常来说，项目可以从以下几个方面来进行判断（以在 3 个月内花费 300 万元人民币对超高清视频平台移动客户端进行升级的项目为例）。

1. 项目达到了范围、时间和成本目标

项目成功的标准之一是在规定的范围、时间、成本和质量等限制条件下完成了项目。假如超高清视频平台移动客户端都完成了升级并满足了其他一些范围要求，刚好 3 个月或 3 个月以内完成，成本为 300 万元人民币或更低，那么根据此条判断标准，就可以认为它是成功的。虽然如此，但依然会有一些主观矛盾存在。例如对什么是合理的范围、时间、成本和质量要求并没有严格的客观标准，在各个项目上差别较大。

2. 项目使客户 / 项目发起人感到满意

对于数字媒体项目来说，其成功比较重要的标准是通过用户、干系人的评价来进行衡量。因为即使项目达到了最初的范围、时间和成本目标，移动终端使用者（本例中的主要客户和项目发起人）也未必会满意。或许由于项目经理或者项目组成员从来都不回复电话或者态度极为恶劣；或许在升级期间，使用者的日常工作受到了影响。假如客户对项目的重要方面感到不满意，基于此条准则，这就是个失败的项目。相反，项目或许没能达到最初的范围、时间和成本目标，但是客户仍可能十分满意。或许尽管项目组成员用了比计划更长的时间，并花费了比计划更多的钱，但是他们却十分有礼貌，并帮助客户和经理解决了一些与工作相关的问题。以客户满意度来衡量的话，这也是成功的项目。

尤其是数字媒体项目，通常有众多的干系人，他们之间的利益存在冲突。在实际工作中，很难满足所有项目干系人对项目的利益追求，因此，应该把重点放在主要项目干系人身上，只有满足他们的利益追求，项目才算成功。不过，由于各自的利益得到满足的程度不同，各主要项目干系人对项目的成功程度的评价也会不同，如图 11-1 所示。

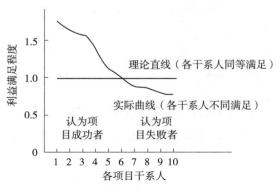

图 11-1　各项目干系人对项目的评价

　　数字媒体类项目没有一个通用的项目成功标准，每一个项目都有自己独特的要求，但这并不意味着就无法判断项目的成功与否了。总结来说，一个成功的项目可定义为在规定的范围、时间、成本和质量等限制条件下完成了项目任务，并满足各主要项目干系人对项目的利益追求。也就是说，"围绕项目目标，控制并满足干系人的期望"，这就是项目经理应该追求的方向，也是最接近项目成功标准的。

　　3. 项目的结果达到了主要目标

　　例如，节省了一定数目的钱，带来了好的投资收益，使项目发起人感到满意，此项目就是成功的项目。即使项目花费超过了预算，用了更长的时间，并且项目团队很难合作共事，只要使用者对移动客户端升级项目满意，那么基于这条标准，此项目也是一个成功的项目。

🔍 本章小结

　　项目的各个阶段都应该伴随有收尾的过程组，在项目的结束也应该有一个完整正式的收尾过程。收尾不仅仅是对项目的总结，更重要是为了未来的积累、组织过程资产的收集以及进行下一步更好的项目开展做铺垫。

　　一个成功的项目收尾与评价不仅仅是对项目的成果进行认可，同时也是对组织团队成员进行认可、嘉奖与反思促进的过程。天下没有不散的筵席，总结也是激励团队成员情绪的时机，项目经理有责任处理好团队成员感情上的波动，让大家保持正常的工作状态，激励大家继续在其他工作上奋进努力。

　　在具体的实施过程中，项目经理必须牢记团队成员是属于企业的。虽然项目完成了，不再需要这些员工在项目团队里面了，但企业依然应该重视他们。对于企业来说，成功完成企业项目的人员在企业发展中是不可多得的财富。

　　总之，只有谨慎处理好项目的总结、收尾与评价工作，才是一个项目完美的谢幕。一个完整的项目或是一个项目的各个阶段都应该有一个完整的验收与评价环节，以此来判断项目的完成率以及下一步工作的标准。项目经理在管理团队、协调项目的过程中，理应贯彻此精神，做到在项目中，目的正确，政治理念清晰，有大局意识以保障项目的成功实施，确保核心的价值观正确、项目核心理念无误。在进行每一次项目总结时，也应该进行思想复盘，确保项目的组织资产得以正确的保存和传递。

思考题

1. 项目结束时核验清单应该注意哪些内容?

2. 数字媒体项目的收尾流程与传统项目收尾流程有什么区别?

3. 项目验收资料往往数量庞大且主题分散,各项目干系人在汇总过程中应该注意哪些事项?

4. 哪些技术与方法可以帮助数字媒体项目进行验收结尾?

5. 数字媒体项目客户评价中,你认为最重要的是哪个方面?

参考文献

[1] 李慧芳，范玉顺．工作流系统时间管理 [J]．软件学报，2002，13（8）：1552-1558．

[2] EDER J，PANAGOS E，POZEWAUNIG H. Time management in workflow systems[C]//ABRAMOWICZ W，ORLOWSKA M E. Proceedings of the 3rd International Conference on Business Information Systems. London：Springer-Verlag，1999．

[3] 宾图．项目管理 [M].鲁耀斌，赵玲，译．2 版．北京：机械工业出版社，2010．

[4] 丁耀诚．工程勘察设计项目管理的方法与实践 [J]．西北水电，2003（4）：64，68-70．

[5] 梅雷迪思，曼特尔．项目管理：管理新视角 [M]．戚安邦，等译．7 版．北京：中国人民大学出版社，2011．

[6] 克莱门斯，吉多．成功的项目管理 [M]．张金成，等译．北京：机械工业出版社，1999．

[7] 施瓦尔贝．IT 项目管理 [M]．杨坤，王玉，译．6 版．北京：机械工业出版社，2013．

[8] 钱省三．项目管理 [M].上海：上海交通大学出版社，2006．

[9] 陈池波，崔元峰．项目管理 [M].武汉：武汉大学出版社，2006．

[10] 白思俊 . IPMP 培训纲要 [M]. 北京：机械工业出版社，2005.

[11] 丁斌，吴剑琳 . 项目管理教程 [M]. 合肥：安徽科学技术出版社，2005.

[12] 姜进章 . 新媒体管理 [M]. 上海：上海交通大学出版社，2012.

[13] 梁栩凌，王长潇 . 突破传媒人力资源管理的瓶颈 [J]. 传媒观察，2006（8）：24–26.

[14] 李方 . 北京网通 IPTV 业务的项目管理 [D]. 北京：北京邮电大学，2007.

[15] 刘新芳 . 微电影的经营与管理初探 [J]. 今传媒，2012（9）：99–100.

[16] 房西苑，周蓉翌 . 项目管理融会贯通 [M]. 北京：机械工业出版社，2010.

[17] 柳纯录 . 信息系统项目管理师教程 [M]. 2 版 . 北京：清华大学出版社，2008.

[18] 柳纯录 . 系统集成项目管理工程师教程 [M]. 北京：清华大学出版社，2009.

[19] BOLLES D，HUBBARD D G，薛岩 . 项目管理知识体系（PMBOK）指南第三版概述 [J]. 项目管理技术，2004（12）：15–19.

[20] 陈华锋，王馨，李丹 . 基于大学生创新能力培养的专业社团项目化管理研究 [J]. 创新创业理论研究与实践，2019（10）：110–111.

[21] 雷辉，陈少平 . 项目管理知识与就业能力、创业能力关系的实证分析 [J]. 创新与创业教育，2013，4（4）：57–60.

[22] 李焱，徐娟 . 项目管理理论下的高校大学生创新创业活动管理探索 [J]. 教育教学论坛，2018（5）：11–12.

[23] 中国互联网络信息中心 . 第 49 次中国互联网络发展状况统计报告 [R].2022.

[24] 施瓦尔贝 . IT 项目管理 [M]. 孙新波，朱珠，贾建锋，译 . 8 版 . 北京：机械工业出版社，2017.

[25] 李禹生 . 管理信息系统 [M]. 北京：中国水利水电出版社，2004.

[26] 科兹纳 . 项目管理案例集 [M]. 陈丽兰，刘淑敏，王丽珍，译 . 5 版 . 北京：电子工业出版社，2018.

[27] 李艳飞，戚安邦 . 我国工程项目风险管理制度问题与对策分析 [J]. 项目管理技术，2010（2）：79–82.

[28] 格雷，拉森 . 项目管理教程 [M]. 徐涛，张扬，译 . 2 版 . 北京：人民邮电出版社，2005.

[29] 马蒂内利，米洛舍维奇 . 项目管理工具箱 [M]. 陈丽兰，王丽珍，译 . 2 版 . 北京：电子工业出版社，2017.

[30] 莱顿. 敏捷项目管理：从入门到精通实战指南 [M]. 傅永康，郭雷华，钟晓华，译. 北京：电子工业出版社，2015.

[31] 项目管理协会. 项目管理知识体系指南（PMBOK® 指南）[M]. 5 版. 北京：电子工业出版社，2013.

[32] 蔡晨，万伟. 基于 PERT ／ CPM 的关键链管理 [J]. 中国管理科学，2003，11（6）：35–39.

[33] 柴莹，肖晓. 大学生创新创业训练计划管理模式的构建——基于项目管理的视角 [J]. 中国大学教学，2018（2）：70–73.

[34] 程雪迎，王晔璞，李慧，等. 项目管理在大学生创新创业训练计划中的应用 [J]. 中国商论，2018（29）：191–192.

[35] 方德英 .IT 项目风险管理理论与方法研究 [D]. 天津：天津大学，2003.

[36] 丁荣贵. 创新创业需要项目管理提供信念支撑 [J]. 项目管理评论，2016（5）：1.

[37] 陈旭 . 协同视角下工程项目监管效果影响因素研究 [J]. 城市建筑，2022，19（16）：167–171.

[38] 吴俊 . 课程思政视角下《工程项目管理》之教学体系构建与实践 [J]. 读与写，2022（25）：31–33.

[39] 于硕硕，李伟，宋纯飞，等 . 集成组织助推高效项目管理 [J]. 四川建材，2022，48（8）：182–183.

[40] 石勇 . 数字经济的发展与未来 [J]. 中国科学院院刊，2022，37（1）：78–87.

[41] 郑自立 . 文化产业数字化的动力机制、主要挑战和政策选择研究 [J]. 当代经济管理，2022，44（9）：57–63.

[42] 李玉浩 . 基于数字媒体技术的交互产品设计 [J]. 集成电路应用，2022，39（6）：300–301.

[43] 朱悦 . 数字媒体时代的发展趋势和应用探讨 [J]. 电脑知识与技术，2022，18（10）：127–128.

[44] 李相华 . 技术经济分析在项目管理中的应用研究 [J]. 生产力研究，2022（1）：97–101.

[45] 王新钰 . 新形势下科技计划项目管理专业机构质量控制与风险防控策略 [J]. 天津经济，2022（5）：40–45.

[46] ACEBES F，POZA D，GONZÁLEZ-VARONA J M，et al. Stochastic earned duration analysis for project schedule management[J]. Engineering，2022，9（2）：148-161.

[47] 林新奇，石嘉伟 . 数字经济与管理变革的关系：研究述评及其展望 [J]. 北京科技大学学报（社会科学版），2022，38（4）：459-469.

[48] 廉永生 . "十四五" 时期数字经济推进我国产业结构升级的路径与政策研究 [J]. 商业经济，2022（8）：1-3.

[49] 马建明 . 新媒体项目管理 [M]. 重庆：重庆大学出版社，2015.

教师服务

感谢您选用清华大学出版社的教材！为了更好地服务教学，我们为授课教师提供本书的教学辅助资源，以及本学科重点教材信息。请您扫码获取。

▶▶ 教辅获取

本书教辅资源，授课教师扫码获取

▶▶ 样书赠送

企业管理类重点教材，教师扫码获取样书

 清华大学出版社

E-mail: tupfuwu@163.com
电话：010-83470332 / 83470142
地址：北京市海淀区双清路学研大厦 B 座 509

网址：http://www.tup.com.cn/
传真：8610-83470107
邮编：100084